ASTRONOMIE
IMAGES DE L'UNIVERS

Gabriele Vanin

ASTRONOMIE
IMAGES DE L'UNIVERS

Préface de Richard M. West
de l'European Southern Observatory

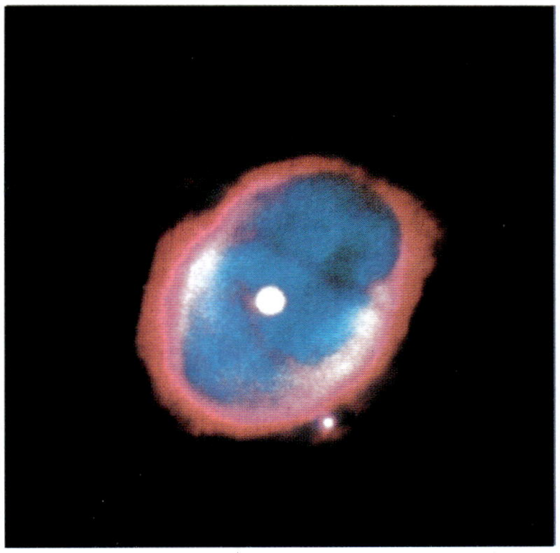

Adaptation française de
Hélène Raccah et Élisabeth de Lavigne

Révision de
Frédéric Hourdin
chargé de recherche au CNRS

GRÜND

Directeur artistique : Giorgio Seppi

Maquette : Manuela Colombo

Dessins : Studio L'Atelier, Modène

Secrétaire d'édition : Claire Forgeot

Sommaire

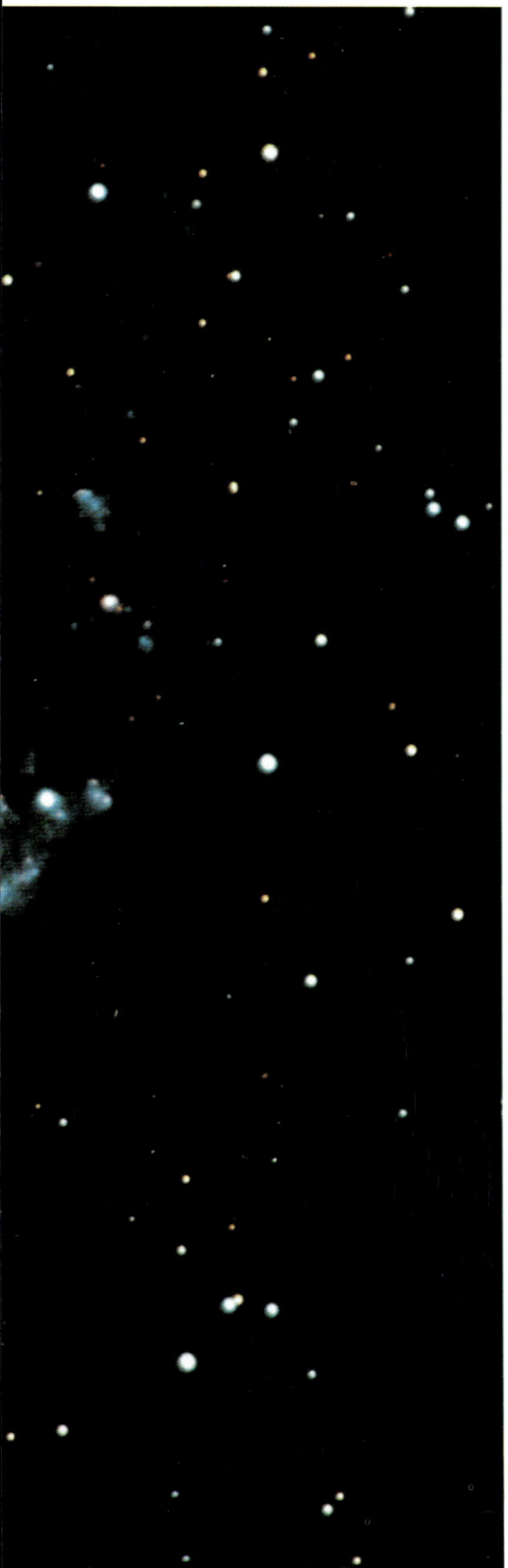

Préface

L'astronomie a beau être la plus vieille de toutes les sciences, elle n'en est pas moins une science extrêmement moderne. Bien des siècles se sont écoulés depuis que l'humanité a commencé à étudier le ciel, et il lui a fallu parcourir un bon bout de chemin avant d'arriver au stade très avancé où se trouvent actuellement l'astronomie et l'astrophysique. Inlassablement aiguillonnée par le besoin primordial de mieux comprendre l'espace qui nous entoure, d'en savoir plus long sur nos lointaines origines, de mieux appréhender les limites de notre petit habitacle dans le temps et dans l'espace. Ainsi toujours guidés à travers les âges par notre curiosité naturelle et servis par notre capacité d'inventer des instruments sans cesse plus perfectionnés, nous avons pu pousser de plus en plus loin notre exploration de l'Univers et percer un nombre croissant de ses mystères.

L'astronomie est une science exploratoire qui donne à chacun de nous la possibilité d'entreprendre – en pensée – de fabuleux voyages dans l'inconnu. Elle a aussi l'avantage de se manifester à travers des images en couleurs spectaculaires. Même si nous ne comprenons pas encore pleinement la réalité physique que recouvrent les objets célestes qu'elles nous montrent, il ne nous en est pas moins permis d'admirer leur beauté et de nous émerveiller de la richesse et de la complexité de leurs structures. Mais ces images, nous les apprécions bien davantage encore quand on nous raconte leur « histoire », qu'on nous les explique avec compétence.

Et c'est précisément là le premier mérite de ce livre. On y trouve une merveilleuse collection de photographies astronomiques parmi les plus significatives et les plus récentes, obtenues à l'aide des télescopes les plus puissants existant à l'heure actuelle dans le monde. Chacune de ces photos est accompagnée d'une légende détaillée qui en souligne les caractéristiques, la façon dont elle a été prise et qui met aussi en clair son « message astronomique ».

Le lien entre les images est assuré par un texte qui nous conduit des principes fondamentaux de l'astronomie et des premières observations effectuées, ainsi que des instruments utilisés pour sonder le ciel, aux galaxies et quasars situés dans de très lointaines régions de l'immense Univers, en passant par le système solaire, les étoiles et les nébuleuses. Chemin faisant, on glane des informations sur les principaux événements historiques et on a la révélation des toutes dernières découvertes comme celles des planètes transneptuniennes ainsi que des fantastiques images d'étoiles nouvelles-nées ou de galaxies, vieilles de milliards d'années, prises par le télescope spatial Hubble après sa récente rénovation.

L'auteur, une autorité dans le monde des astronomes amateurs, a fait un travail véritablement digne d'éloges. Réunir toutes ces images n'a certainement pas été chose aisée ; le résultat n'en est que plus remarquable. Offrant une foule d'informations intéressantes aux initiés, cet ouvrage ne manquera pas de susciter de nombreuses vocations. Je suis certain que ses lecteurs passeront bien des heures agréables et instructives en sa compagnie !

Richard M. West
(European Southern Observatory)

Les couleurs du ciel

Ce que nous savons, c'est, d'abord et surtout, ce que nous voyons. Cela est vrai dans tous les domaines, y compris celui des sciences, mais c'est encore plus vrai pour la science « visuelle » par excellence : l'astronomie. Certes, la vision ne servirait pas à grand-chose si elle n'était étayée et corroborée par l'interprétation et le raisonnement, mais toute discussion serait sans objet si l'on ne percevait la nature de l'Univers. Et cette perception se fait au moyen du plus puissant de nos sens : la vue.

Il y a quatre mille ans, un haut niveau de précision avait été déjà atteint par les Babyloniens dans l'observation et la prévision de la position des corps célestes. À leur suite, les Grecs étaient même parvenus, il y a quelque deux mille cinq cents ans, à mettre au point des modèles complexes du cosmos et à acquérir certaines notions précises sur la forme et les dimensions de la Terre, la taille et la distance de la Lune, le rapport entre les dimensions des orbites planétaires ou encore la nature de la Voie lactée. Nos yeux sont toutefois des organes limités, au niveau de la perception de l'intensité lumineuse comme du spectre. Cela signifie que nous ne pouvons observer les corps faiblement éclairés ou situés en dehors de la région de radiation électromagnétique, plus communément appelée la « lumière visible ».

L'invention du télescope

L'œil désarmé trouve un premier remède à sa sensibilité déficiente au début du XVIIe siècle, avec l'invention de la lunette, que Galilée est l'un des premiers à diriger vers le ciel, en 1609. Accueilli d'abord avec méfiance, ce nouvel instrument ne tarde pas à ouvrir littéralement les portes du ciel aux astronomes et donnera une impulsion décisive à la révolution de l'astronomie amorcée par Copernic quelques décennies plus tôt. À la lunette à lentilles classique ou « réfracteur » viendra s'ajouter, au cours du XVIIIe siècle, le télescope à réflexion, inventé par Newton en 1671, conçu suivant un principe plus simple : l'image se forme par réflexion sur un miroir parabolique placé au fond de l'appareil. Les principaux instruments utilisés au XVIIIe et au XIXe siècles, comme, d'ailleurs, aujourd'hui, ne sont pas forcément les plus parfaits ; citons, par exemple, le télescope de 122 cm construit par William Herschel en 1789 et le Léviathan de 183 cm mis au point par lord Rosse en 1844.

Ces instruments permettent de mieux distinguer les corps célestes les plus faiblement lumineux et les plus éloignés, mais l'observation visuelle ne peut être enregistrée qu'à l'aide de notes écrites et de dessins. Or les astronomes, distraits, omettent souvent de prendre des notes, et bien des découvertes, comme celle de la planète Uranus, ne seront révélées que plus tard du fait de cette mauvaise habitude. Quant aux représentations graphiques, elles sont par trop subjectives et peu fiables.

Mais, très vite, un formidable outil fait son apparition pour enregistrer objectivement les observations astronomiques : la photographie. Les premières expériences de l'astronome arabe al-Kindi sur la chambre noire remontent au IXe siècle et celles

À gauche, l'observatoire de Tycho Brahé (1546-1601), à Uraniborg, dans l'île de Hveen, au Danemark. Mort à peine huit ans avant que Galilée ne dirige sa lunette vers le ciel, Brahé a été le dernier des grands observateurs à l'œil nu. Il n'avait pour instruments que des cadrans gradués et des sphères armillaires, mais ses observations n'en étaient pas moins dix fois plus précises que celles de ses contemporains.

Deux des lunettes construites par le grand physicien et astronome pisan Galileo Galilei (Galilée), (Museo di Storia della Scienza, Florence). Celle du haut a une distance focale de 1 330 mm, une ouverture effective de 26 mm et grossit un objet 14 fois. La seconde a une distance focale de 880 mm, une ouverture effective de 16 mm et grossit un objet 21 fois.

relatives à l'action photochimique de la lumière rien moins qu'à Aristote. En 1566, Fabricius observe le noircissement du chlorure d'argent et, en 1727, J. H. Schultze démontre que celui-ci est dû à la lumière. Au début du XIXe siècle, le chimiste anglais Thomas Wedgwood réussit à obtenir des images de petits objets sans toutefois parvenir à les fixer de façon durable. En 1810, Thomas Seebeck reproduit déjà certaines couleurs du spectre, obtenues en faisant passer la lumière à travers un prisme sur une feuille de papier recouverte de chlorure d'argent humide. Mais l'inventeur français Nicéphore Niepce sera le premier à fixer stablement, en 1822, une image, une nature morte, sur une plaque de verre recouverte de bitume de Judée.

L'une des toutes premières photos en couleurs. Il s'agit d'une réalisation de Louis Ducros du Hauron, obtenue en impressionnant des négatifs de sélection dans le bleu, le vert et le rouge.

De son côté, Jacques Daguerre tente, vers 1820, de reproduire les couleurs des objets à l'aide de minéraux phosphorescents. Commence ainsi une collaboration entre Daguerre et Niepce qui exposent des plaques de cuivre argentées à des vapeurs d'iode. Après la mort de Niepce, en 1833, Daguerre pousuivra seul leurs travaux, obtenant la révélation de l'image formée sur la plaque en l'exposant à des vapeurs de mercure qui s'amalgament avec l'argent des parties impressionnées. La daguerréotypie était née. Ce procédé, que son inventeur gardera secret jusqu'en 1839, permet de produire directement des images positives. Il sera perfectionné dans les années qui suivent, mais, entre-temps, un autre Français, Hippolyte Bayard, était parvenu à imprimer des images positives sur le papier. Cette même année 1839, l'astronome anglais John Herschel invente ce que l'on peut véritablement appeler la photographie. Le procédé est bien connu : on forme une image négative sur un support qui noircit à la lumière ; on la fixe et on l'imprime en positif sur un second support, qui réagit de la même façon que le premier. Herschel utilise du papier commun recouvert de nitrate d'argent et, comme fixateur, de l'hyposulfite de sodium. Le même procédé est découvert parallèlement par le physicien W. H. F. Talbot (qui le baptise calotypie), qui toutefois ne trouve pas le moyen de fixer durablement l'image. Toujours est-il que l'ancêtre du procédé photographique moderne à impression négatif-positif sur papier était né.

Herschel renonce avec magnanimité à revendiquer la paternité de l'invention au profit de Talbot, mais c'est lui qui forgera les termes communément utilisés en photographie : « négatif » et « positif ». En 1840, il réussit à reproduire les expériences de Seebeck sur la reproduction des couleurs et, en 1847, le physicien français Edmond Becquerel enregistre les couleurs du spectre non sur du papier mais sur une plaque pour daguerréotype enduite de chlorure d'argent. En 1851, Abel Claude Niepce de Saint-Victor, neveu de Nicéphore Niepce, perfectionne le procédé de Becquerel en donnant une stabilité accrue aux couleurs à l'aide d'un vernis protecteur. Mais on ne

L'un des premiers daguerréotypes : vue du palais royal des Tuileries sur couche d'argent, obtenue par Jacques Daguerre en 1839 (Conservatoire des arts et métiers, Paris).

parvient pas encore à les fixer de facon permanente et il faut des poses bien trop longues – certaines durent jusqu'à une heure – pour toutes les reproduire.

La fixation de l'image des astres

Entre-temps, on a déjà commencé à photographier le ciel. Les premières tentatives sont faites par Daguerre lui-même, à la demande de l'astronome François Arago, et cela avant même que la découverte du daguerréotype ne soit rendue publique. L'on prend tout naturellement pour cible le corps céleste le plus lumineux : la Lune, mais l'entreprise se solde par un échec. Le premier daguerréotype de la Lune sera, en fait, réalisé par John Draper, de New York, en mars 1840, avec un temps de pose de 20 min, avant d'être détruit dans un incendie. C'est ce même Draper qui réalisera, en 1841, le premier daguerréotype du spectre solaire. Le plus ancien que l'on ait conservé de la Lune remonte, lui, au 1er septembre 1849. Il est l'œuvre d'un autre New-Yorkais, S. D. Humprey, qui utilise une lentille de 200 mm de distance focale. En 1845, Armand Fizeau et Léon Foucault prennent, de l'Observatoire de Paris, la première image du Soleil, sur laquelle on distingue certaines taches. Le temps de pose est de 1/60 de seconde.

La première photographie d'une étoile remonte au 16 juillet 1850. Il s'agit de Vega, immortalisée, à l'aide du réfracteur de 38 cm de l'observatoire américain de Harvard, par le directeur de celui-ci, G. P. Bond, et par le photographe J. A. Whippie, avec un temps de pose de 100 s. Les premières photos d'une éclipse de Soleil datent, elles, de 1851. Elles sont prises par Berkowski de l'observatoire de Königsberg, en Prusse, avec une lunette de 16 cm. En 1852, l'Anglais Warren De La Rue inaugure en astronomie le procédé « au collodion humide » qui venait d'être mis au point par l'Anglais Frederick Scott Archer : l'on ajoute de l'iodure de potassium sur la plaque de verre enduite de collodion et l'on immerge le tout dans une solution de nitrate d'argent. Avec un réflecteur de 33 cm et des temps de pose de 10 à 30 s, De La Rue réussit à obtenir des images de la Lune qui en révèlent les principaux détails. Puis, en 1858, il commence à photographier le Soleil quotidiennement et organise une expédition en Espagne pour observer une éclipse totale, enregistrant, pour la première fois, à cette occasion, les protubérances solaires. Pour avoir une représentation de la couronne solaire, il faudra attendre l'éclipse de 1870 et les photos prises, à cette occasion, par Brothers, de Syracuse.

En décembre 1864, l'astronome américain Lewis Morris Rutherford construit le premier télescope réfracteur de 29 cm de diamètre, expressément conçu pour l'astrophotographie. En effet, contrairement aux réflecteurs, les réfracteurs traditionnels ne parviennent pas à faire converger en un même point toutes les couleurs du spectre. À l'aide de ce nouvel instrument, Rutherford prend la première photographie d'un amas stellaire, la Crèche, avec un temps d'exposition de 3 min et, armé d'un réfracteur photographique et visuel plus grand, de 33 cm, il aligne en seulement treize ans rien moins que 1 400 photographies de la voûte céleste, dont 650 représentent des amas et des groupes stellaires. Parmi ces dernières figurent une bonne cinquantaine de photos des Pléiades. Rutherford utilise des plaques enduites de collodion humide qui ont désormais supplanté aussi bien la calotypie que la daguerréotypie, car elles sont beaucoup plus rapides et comportent des temps de pose dix fois moindres. Seul inconvénient, il faut les utiliser sitôt préparées, avant que le collodion ne sèche, et la pose ne doit pas être trop longue. En général, Rutherford ne dépasse pas le seuil des 6 min. En 1858, le photographe anglais Usherwood immortalise le premier objet diffus nébulaire : la gigantesque et spectaculaire comète de Donati. Il utilise un simple objectif pour portraits (la comète est très grande) avec un temps de pose de seulement 7 s. On ne voit, toutefois, sur l'image que la chevelure et le début de la queue de la comète. Pour pouvoir saisir efficacement les objets nébulaires, il faudra attendre une nouvelle innovation : l'introduction des plaques sèches enduites de gélatine de bromure d'argent. Celles-ci peuvent être utilisées longtemps

**mment
niers appareils
taient appliqués
ire
escope, au
es pionniers
otographie
mique.
il était
ment une
hambre noire,
e étanche
ière ; l'objectif
stitué par
f et l'oculaire
cope tandis que
teur était
:
ement
ente ménagée
rrière
e. La plaque
aphique était
ans la fente
u fond
te.**

après leur préparation et sont beaucoup plus sensibles que les plaques au collodion. C'est avec ces plaques que le fils de John Draper, Henry, prendra la première photo de la nébuleuse d'Orion (voir p. 61). Ce même Draper et Jensen fixent efficacement la course de la comète de Tebbutt. La première belle photo d'une galaxie, celle d'Andromède, est l'œuvre de l'astronome américain Isaac Roberts qui utilise un télescope réflecteur de 51 cm et observe un temps de pose de moins de 4 h. Désormais, la photographie astronomique s'est définitivement imposée et se substitue de plus en plus à la technique traditionnelle du relevé : une simple pose de 30 min peut remplacer une semaine entière de travail à la planche à dessin. En outre, si la pellicule n'est pas beaucoup plus sensible que l'œil, elle peut néanmoins accumuler de la lumière pendant longtemps, permettant ainsi une visibilité bien meilleure des corps célestes.

En haut, l'amas stellaire des Pléiades (à droite) et la galaxie d'Andromède (à gauche) photographiés par Isaac Roberts respectivement en 1886 et 1888 avec un temps de pose de 6 et 4 h.

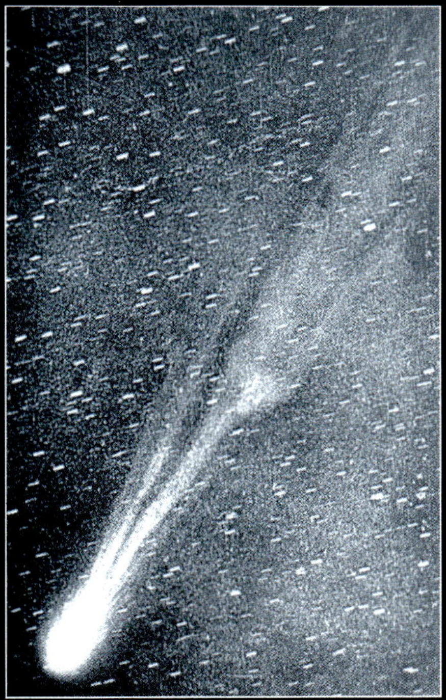

Ci-dessus, la comète Swift, photographiée par Edward Emerson Barnard en 1892.

En 1881, le physicien français Gabriel Lippmann réalise les premières photographies en couleurs directes et fixables, en utilisant des plaques de verre recouvertes de bromure d'argent en contact, dans l'appareil, avec une pellicule de mercure, mais les couleurs ne sont visibles qu'en observant les plaques exposées sous un angle déterminé. Les procédés modernes de photographie en couleurs reposent sur la théorie de la vision des couleurs, avancée dès 1801 par le physicien anglais Thomas Young. Selon celle-ci, l'œil comprend trois types de récepteurs (appelés aujourd'hui cônes), sensibles, chacun, à une seule des trois couleurs primaires : le rouge, le vert et le bleu. En combinant les diverses sensations perçues par les cônes,

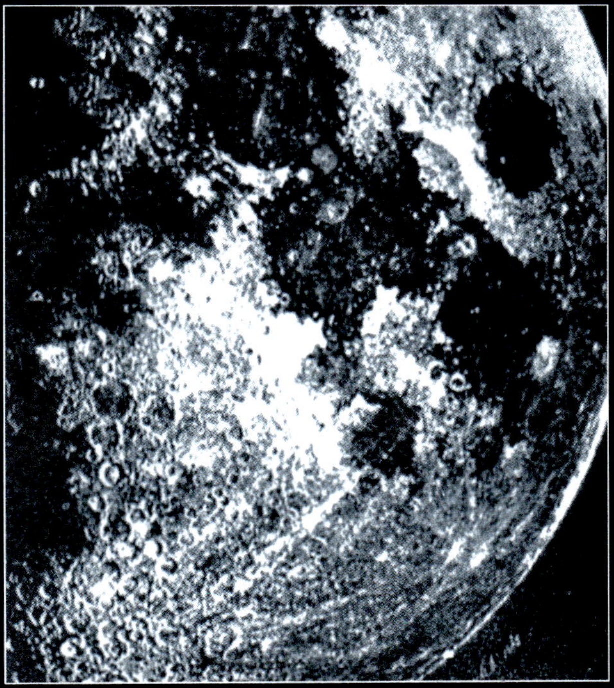

À gauche, une image de la Lune prise par Lewis Morris Rutherfurd en 1865.

l'on arrive à voir jusqu'à deux cents couleurs environ. Par conséquent, pour parvenir à une pleine perception des couleurs en photographie, il faut reproduire le processus de la perception visuelle. À savoir : impressionner trois négatifs monochromes à travers des filtres bleu, vert et rouge et réaliser ensuite des positifs à recomposer suivant un procédé par synthèse « additive » ou « soustractive ». Les méthodes additives reconstruisent les images en mêlant les faisceaux de lumière des trois couleurs primaires, par exemple en projetant les trois positifs superposés sur un écran, comme le physicien anglais James Clerk Maxwell sera le premier à le faire en 1861, utilisant pour cela les mêmes filtres que ceux qui avaient servi pour impressionner les négatifs. En 1869, le Français Louis Ducos du Hauron réussit à imprimer sur papier les premières images issues de la superposition de trois positifs en couleurs. Par la suite, il propose une méthode qui permet d'utiliser une seule émulsion ; l'exposition se fait à travers un écran de verre parcouru de lignes ultrafines des trois couleurs primaires. Chacune des lignes est traversée uniquement par la lumière de la couleur correspondante. En superposant au positif obtenu de cette façon un écran semblable au précédent, les zones exposées du positif réféchissent la lumière à travers les mêmes lignes de couleur que celles qui ont produit l'image, lesquelles, se fondant dans l'œil du spectateur, reproduisent les couleurs de l'original.

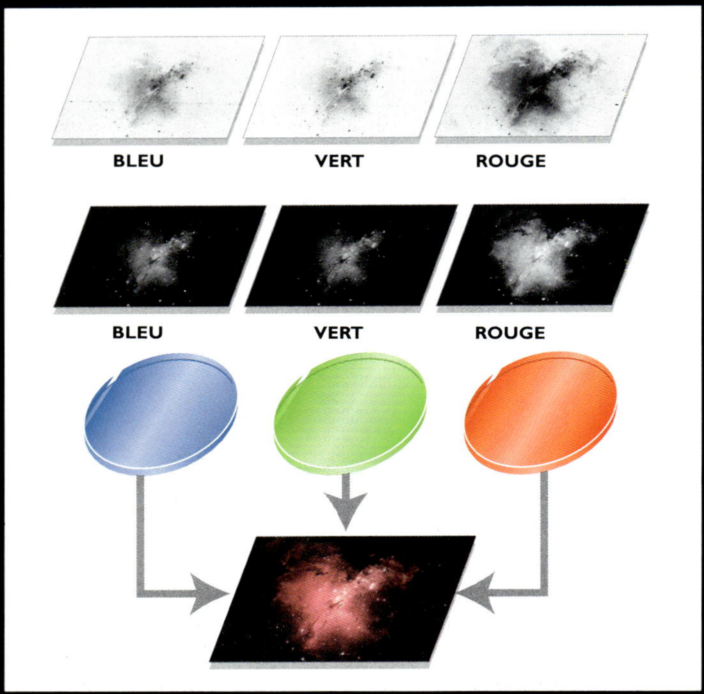

Divers procédés ont été mis au point pour exploiter l'idée de Ducos du Hauron, mais un seul d'entre eux a connu un franc succès commercial : l'« autochrome », conçu en 1907 par les frères Lumière. Dans ce cas, le réseau coloré est remplacé par des filtres constitués par des grains d'amidon colorés superposés à l'émulsion. Ducos du Hauron travaille dès 1874 également aux procédés par synthèse soustractive. Là, la reconstitution des positifs se fait à partir de colorants de couleurs complémentaires de celles des couleurs primaires, soit le cyan (rouge), le magenta (vert) et le jaune (bleu), chacune d'entre elles absorbant sélectivement l'une des couleurs primaires, permettant de percevoir les deux autres. En 1897, Ducos du Hauron lance le « tripack », qui combine sur un même support trois émulsions sensibles ; les produits utilisés aujourd'hui pour la photographie en couleurs ne sont jamais qu'une version améliorée de ce premier procédé.

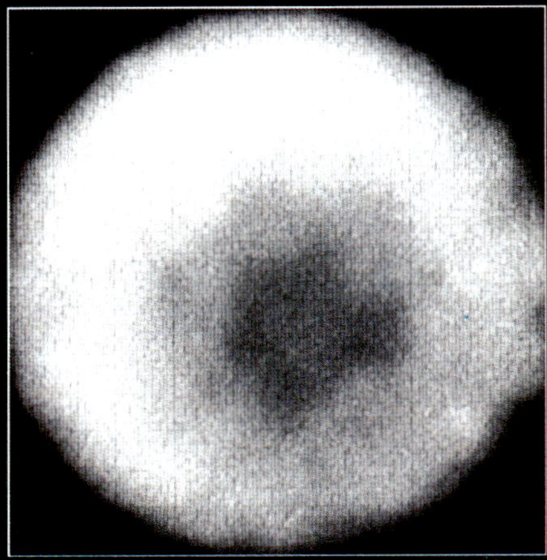

Le ciel en couleurs

Chose étrange, jusqu'en 1959, personne n'a jamais songé à appliquer la photographie en couleurs à l'astronomie, peut-être parce qu'on n'en voyait pas l'utilité sur le plan scientifique. Cette année-là, William Miller entreprend de photographier divers corps célestes, avec les télescopes du mont Palomar et du mont Wilson, en utilisant des diapositives courantes comme High Speed Ektachrome ou Super Anscochrome. Les

En haut, à gauche, le procédé de trichromie par synthèse additive adopté par David Malin pour ses splendides photographies en couleurs. En haut, à droite, ce que l'on considère comme la première image astronomique obtenue avec une caméra CCD : la planète Uranus prise dans l'infrarouge proche, à une longueur d'onde de 890 nanomètres par des astronomes du Jet Propulsion Laboratory et de l'université de l'Arizona, à l'aide du télescope réflecteur de 155 cm de diamètre du mont Santa Catalina en Arizona. Ci-dessus, le fonctionnement d'un CCD peut être comparé à celui d'un collecteur d'eaux pluviales utilisant une série de récipients placés sur des bandes transporteuses. Dès que chaque récipient parvient au bout de la bande, il est vidé dans un autre récipient, lui aussi placé sur une bande mobile, qui le transporte jusqu'au groupe de mesurage.

images qu'il obtient sont d'excellente qualité. De fait, nous en publions sept, dans les chapitres III, IV et V. L'emploi d'une seule émulsion courante n'est toutefois pas des plus satisfaisants en astronomie : avec les longues poses que celle-ci nécessite, la pellicule perd dramatiquement de sa sensibilité comme de son rendu chromatique. Il faut donc en quelque sorte retourner aux origines, c'est-à-dire reprendre trois négatifs avec filtres et pellicules sensibles aux trois couleurs fondamentales et ensuite les combiner avec la technique par synthèse soustractive ou additive (trichromie). La méthode Kodak « dye transfer », qui reprend le premier procédé, a été appliquée par plusieurs photographes comme Joseph Miller de l'observatoire Lick, pour les nébuleuses, et James Wray de l'observatoire McDonald, pour les galaxies. Les résultats passablement satisfaisants ont montré l'utilité scientifique des photos en couleurs, par exemple pour l'identification des zones de formation stellaire, de gaz dans les résidus des supernovae, etc.

C'est à l'Anglais David Malin que revient le mérite d'avoir révélé les formidables potentialités de l'astrophotographie en couleurs comme instrument de recherche scientifique. De 1977 à nos jours, ce photographe professionnel a réalisé, à l'Observatoire anglo-australien, une centaine de photographies à la fois spectaculaires et d'une grande utilité scientifique). Malin recourt à la vénérable technique additive proposée par Maxwell il y a cent trente ans. Il prend trois photos en noir et blanc d'un même objet, en combinant des plaques (hypersensibilisées dans des bains

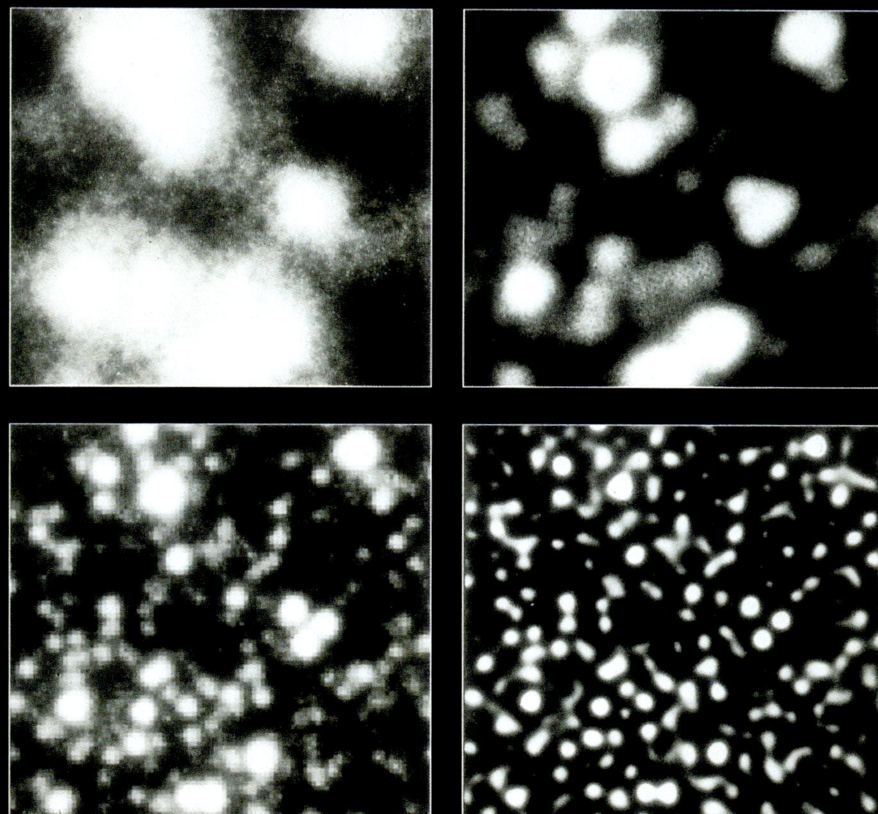

Ci-contre, le centre de l'amas globulaire d'Oméga Centauri : comparaison des résultats obtenus par le New Technology Telescope (NTT) à optique active de l'Observatoire européen austral de La Silla, au Chili (en bas), par le télescope Schmidt de 1 m de diamètre de l'ESO (en haut, à gauche) et par le télescope traditionnel de 3,6 m, toujours de l'ESO (en haut, à droite). En bas, à gauche, l'image brute du NTT, qui a un diamètre de 3,6 m, est grossière ; celle de droite a été traitée pour en améliorer la résolution. Celle-ci est respectivement de 2, 1, 0,33, et 0,18" d'arc dans ces images.

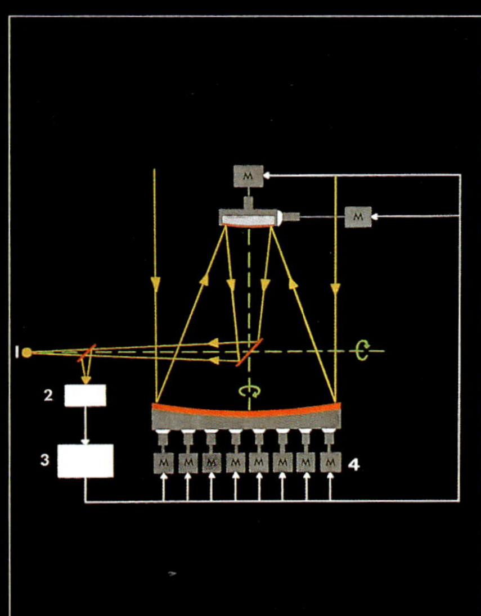

Fonctionnement de l'optique active du NTT (à droite). La lumière provenant d'un miroir placé devant le foyer est analysée par un dispositif relié à un ordinateur, qui transmet les corrections nécessaires aux actionneurs placés sous le miroir primaire.
1 Foyer du télescope
2 Analyseur d'images
3 Ordinateur
4 Actionneurs mécaniques

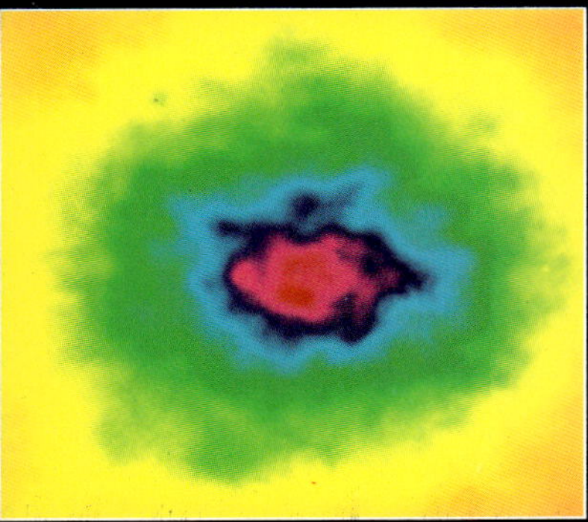

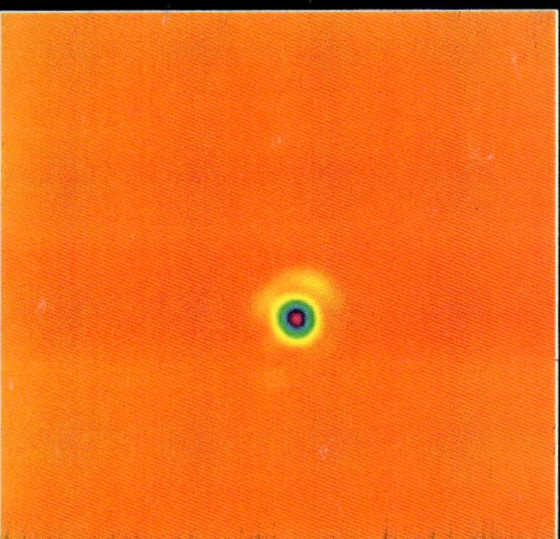

Échantillon de résultats obtenus avec des optiques adaptatives. Ci-dessus, images en fausses couleurs de l'étoile Capella, de la constellation du Cocher, prises par Robert Fugate à une longueur d'onde de 880 nanomètres, dans l'infrarouge proche, avec le télescope de 1,5 m du Starfire Optical Range au Nouveau-Mexique. L'image du haut, non compensée et réalisée avec un temps de pose de 1 s, est brouillée, (résolution non inférieure à 2'' d'arc).

d'azote et d'hydrogène pour en augmenter la vitesse) et des filtres, en mesure d'enregistrer la lumière bleue, verte ou rouge, utilisant, à l'occasion, des plaques déjà exposées par ses collègues. De ces négatifs, Malin tire trois positifs en noir et blanc qu'il projette, ensemble, à travers un agrandisseur avec trois filtres, un pour chaque couleur, sur une grande feuille de pellicule négative couleur. Enfin il procède, à partir de ce négatif, au tirage, recourant au besoin à des effets spéciaux pour révéler les objets les moins perceptibles (amplification photographique) ou pour moduler les fortes différences de variation lumineuse entre les composants d'un corps céleste (cache flou).

Quoi qu'il en soit, actuellement, la majeure partie des images astronomiques en couleurs sont réalisées par des amateurs. Peu d'entre eux utilisent la trichromie, mais un bon nombre prennent pour chaque objet deux négatifs d'une pellicule ordinaire qu'ils superposent et tirent ensuite ensemble en positif pour accentuer la couleur et la visibilité des détails les moins nets ; au besoin, un ou deux passages intermédiaires viennent s'ajouter, avec la reproduction des négatifs sur diapositive, puis, éventuellement, sur internégatif. Les Américains Tony et Daphne Hallas sont passés maîtres dans l'art de cette technique, tandis que, parmi les adeptes des techniques traditionnelles, le Japonais Akira Fujii est l'un des astrophotographes les plus appréciés du monde.

L'entrée en scène de l'électronique

À partir de la fin des années 1970, la photographie électronique commence à remplacer la photographie chimique, à la faveur d'un dispositif appelé CCD (Charged Couple Device ou « dispositif à couplage de charges»), inventé par Willard Boyle et George Smith des Laboratoires Bell, en 1970. Suivant ce procédé, la lumière est transformée en charges électriques : les particules de lumière ou photons qui entrent dans le télescope vont frapper une fine tranche de silicium semi-conducteur en déplaçant des électrons, produisant ainsi des charges négatives et positives alternées. Celles-ci se déplacent en série le long de la tranche et sont recueillies et mesurées à la fin du parcours, permettant de déterminer de fait l'intensité lumineuse enregistrée. La prise de vues avec le procédé CCD permet de capter la majeure partie de la lumière incidente alors que la photographie traditionnelle ne saisit que 1 % de celle-ci. Ce gain d'efficacité permet de réduire considérablement le temps de pose, qui ne se compte plus en heures mais en minutes. Les systèmes utilisant le procédé CCD peuvent, eux aussi, obtenir des images en couleurs au moyen de la trichromie électronique, à savoir en combinant, par l'intermédiaire de l'ordinateur, trois différentes prises de vue filtrées dans les trois couleurs primaires. Nous présentons, au chapitre V, divers exemples d'application de cette technique et, au chapitre VI, les résultats les plus spectaculaires obtenus avec la caméra planétaire grand champ du Télescope spatial. Cependant, malgré leur rapidité et leur très grande flexibilité, les systèmes CCD sont plutôt petits et ne peuvent donc embrasser qu'un champ relativement restreint par rapport à celui de la plaque pho-

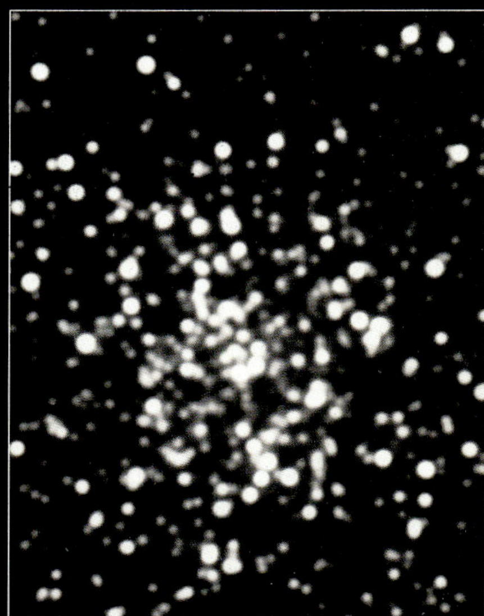

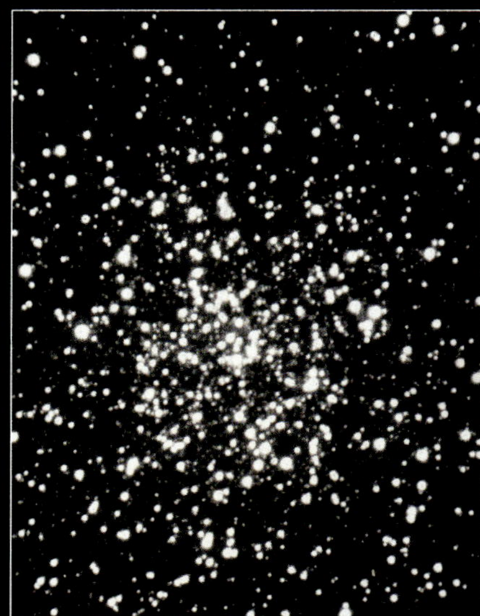

tographique, utilisée surtout avec les grands télescopes photographiques Schmidt qui ont un champ extrêmement vaste. Les systèmes CCD ne peuvent égaler la photographie pour ce qui est de la capacité d'enregistrer les plus petits détails et de rendre fidèlement les couleurs sur de grandes étendues. Le lecteur pourra lui-même le constater en observant les images présentées.

La « lumière invisible »

L'observation des corps célestes n'est plus limitée, loin s'en faut, à la lumière visible. Dès 1801, W. Herschel et J. Ritter démontrent l'existence de rayonnements de même nature que la lumière s'étendant au-delà du spectre visible, plus loin que le rouge et le violet, que l'on appellera rayonnements infrarouges et ultraviolets. En 1887, Hertz découvre les ondes radioélectriques et, en 1895, Röntgen découvre les rayons X. En 1931, Karl Jansky découvre les premiers rayonnements hertziens provenant de l'espace et, en 1948, l'on observe pour la première fois les rayons X spatiaux. En 1969, la première source céleste de rayons gamma est identifiée. Les ondes radioélectriques du ciel peuvent être étudiées depuis la surface terrestre, de même qu'une faible partie des rayonnements infrarouges et ultraviolets. Mais la plus grande partie de ces deux dernières zones du spectre, tout comme l'ensemble de l'intervalle gamma et X, peut être observée de l'espace. Dès 1946, les États-Unis lancent une fusée, un V2, qui capte le premier spectre ultraviolet solaire. Depuis, un nombre incalculable de fusées et de satellites ont été lancés, passant au crible l'intervalle spectral du ciel et nous permettant de mieux comprendre et de mieux interpréter les phénomènes cosmiques. Le lecteur trouvera dans ce livre des images de corps célestes obtenues dans toutes les régions du spectre.

S'affranchir de l'atmosphère

Il est utile de sortir de l'atmosphère non seulement pour observer le ciel sous d'autres longueurs d'ondes, mais aussi pour s'affranchir des problèmes de turbulences atmosphériques qui sont la plaie des télescopes optiques. Si la résolution spatiale d'un télescope augmente en théorie avec sa taille, on est en fait limité, quand on observe depuis la Terre, par les mouvements turbulents de l'atmosphère qui déforment les images. En pratique, il est généralement difficile de distinguer des objets ou des détails distants de moins de 1" d'arc. C'est la rai-

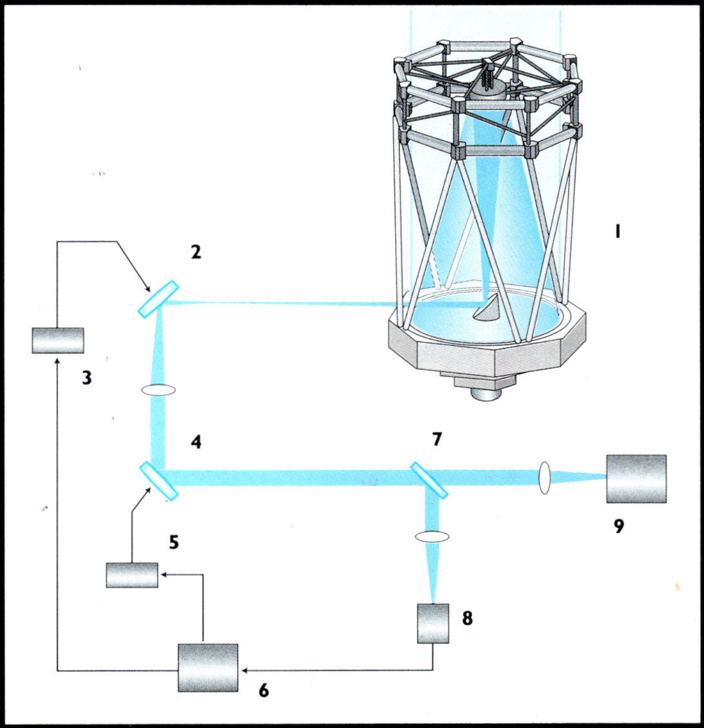

En haut, schéma du fonctionnement d'une optique adaptative appliquée à un télescope astronomique, en mesure de reconstruire l'image d'un objet céleste brouillée par la turbulence atmosphérique.
1 Télescope
2 Miroir correcteur du déplacement de l'image
3 Moteur
4 Miroir déformable
5 Moteurs à haut voltage
6 Élaborateur à haute vitesse
7 Diviseur du faisceau optique
8 Capteur du front d'onde
9 Caméra

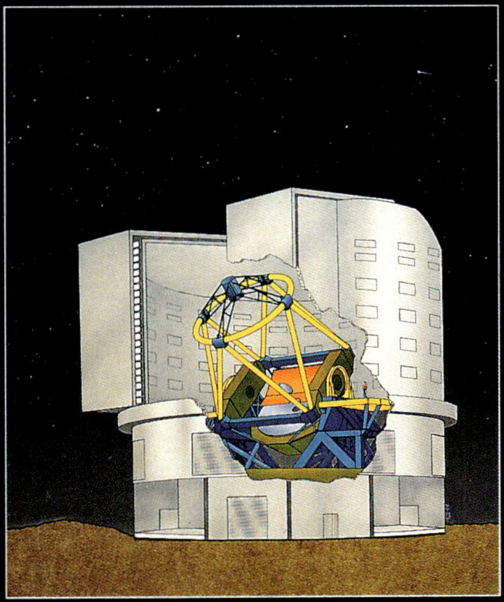

À gauche, deux lasers pour correction adaptative convergent sur la constellation du Dragon vers laquelle est dirigé le télescope de 1,5 m du Starfire Optical Range au Nouveau-Mexique (photo de Roger Ressmeyer).
Ci-dessus, modèles réduits : détail et vue panoramique du Very Large Telescope de l'ESO, formé de quatre miroirs de 8,2 m de diamètre chacun, fonctionnant de conserve comme un unique télescope de 16 m.

Ci-dessous, vue panoramique de l'Observatoire européen austral de La Silla, au Chili. Avec ses quinze coupoles abritant des télescopes de 0,4 à 3,6 m de diamètre, c'est probablement le centre astronomique le plus important du monde.

son pour laquelle, déjà dans les années 1960, l'on avait songé à un télescope orbital, idée qui s'est concrétisée il y a peu : le télescope spatial Hubble « voit » de dix à vingt fois plus nettement que les télescopes terrestres, séparant des angles dans le ciel ayant jusqu'à 0,05" d'arc, équivalant à 1/37000 du diamètre de la Lune dans le ciel, ce qui reviendrait à distinguer une pièce de 1 franc à une distance de 100 km.

L'on a cependant découvert récemment qu'il est possible de « reconstruire » l'image altérée par les turbulences atmosphériques à travers des mécanismes électroniques complexes, appelés optiques adaptatives, que l'on applique aux télescopes modernes. L'image est analysée des centaines de fois par seconde par des ordinateurs qui lisent l'évolution de la turbulence atmosphérique et parviennent à restituer l'image au moyen d'actionneurs qui déforment la surface d'un miroir auxiliaire de façon à compenser les distorsions. La première idée d'optique adaptative n'est pas récente puisqu'elle a été lancée par Horace Babcock en 1953. Ses travaux restent sans écho jusqu'au début des années 1970, époque où la question devient d'importance militaire au sein de la SDI (*Strategic Defense Initiative*, le bouclier spatial américain). À partir des années 1980, des groupes d'astronomes commencent eux aussi à étudier le sujet. Mais le plus clair de l'attention de la communauté astronomique est alors concentré sur les performances du télescope spatial et sur le développement de ce que l'on appelle les « optiques actives ».

Suivant ce système, les actionneurs mécaniques agissent directement sur la forme du miroir primaire des télescopes (beaucoup plus fin, grâce aux nouvelles technologies, que les miroirs monolithiques d'autrefois) pour en maintenir la position et garantir un rendement parfait en présence de variations au niveau de l'environnement ou de l'orientation du télescope. Dans tous les systèmes adaptatifs, la distorsion causée par l'atmosphère ne peut être mesurée directement sur l'objet observé, qui est, en général, trop faiblement éclairé, mais sur une source de lumière bien plus brillante. L'on trouve, toutefois, rarement des étoiles brillantes dans le champ d'un sujet astronomique intéressant. Par conséquent, les recherches se sont orientées vers la création d'étoiles artificielles au moyen de rayons laser projetés dans l'espace, surtout après que le secret militaire sur les recherches effectuées dans le cadre de la SDI a été levé aux États-Unis en mai 1991. L'on a ainsi appris que le Pentagone avait développé des optiques adaptatives guidées au laser pour la destruction de missiles en vol, dès octobre 1981. Les

Ci-dessus, les coupoles de l'Observatoire national de Kitt Peak, à 90 km de Tucson (Arizona), illuminées par la Lune. En haut, à droite, le Keck Telescope, le plus grand télescope optique du monde, à miroir de 9,8 m de diamètre. Il est situé au sommet du Mauna Kea, aux îles Hawaii, à 4 150 m d'altitude. C'est le meilleur site astronomique du monde pour la transparence du ciel notamment. À droite, sur la photo, on distingue le frère jumeau, Keck II, encore construction. Ci-contre, coupe des instruments. La structure de chaque télescope est modulaire : 36 miroirs de 18 m de diamètre chacun ; leur alignement est contrôlé par un système électronique très sophistiqué.

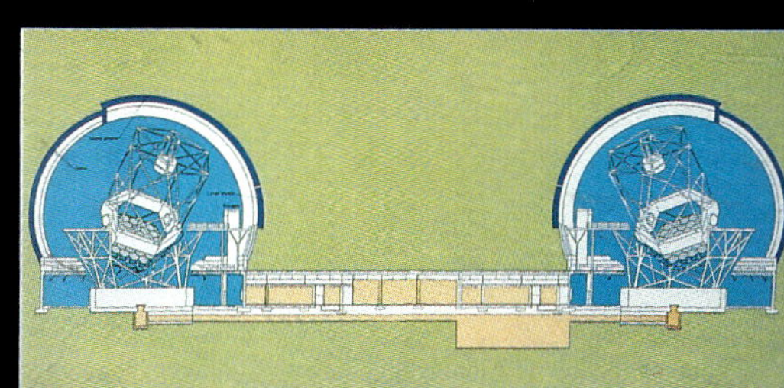

méthodes utilisées reposent sur le principe de la réflexion d'un rayon laser par une couche d'atomes de sodium libérés à 90 km d'altitude, de façon à créer une sorte de « phare » ou d'« étoile artificielle » permettant le calibrage du système optique. Mais un seul laser ne suffit pas pour obtenir ces effets, car il ne parvient à corriger qu'une petite partie du champ visuel ; il faut donc en mobiliser toute une batterie pour obtenir un champ suffisamment étendu. Plusieurs expériences ont été faites ces dernières années dans le domaine des optiques adaptatives. Les excellents résultats qu'elles ont permis d'obtenir montrent qu'il n'existe aucune barrière théorique à la compensation des turbulences au moyen de télescopes terrestres. Jusqu'ici, on est arrivé à atteindre les niveaux de résolution théoriques visés (ceux que le diamètre des miroirs permet d'atteindre) avec des télescopes de 1-2 m, soit 0,1" d'arc environ, ce qui représente des résultats de 5 à 10 fois meilleurs que pour les images non compensées. Et l'on espère bientôt parvenir à réaliser les mêmes scores avec les télescopes de 4 m. Dans ce cas, les performances du télescope spatial lui-même seraient dépassées et l'on arriverait à une résolution de 0,03" d'arc. Il faut tout de même préciser qu'aucune technique d'optique adaptative n'a permis jusqu'ici d'obtenir, dans la pratique courante, des résultats comparables à ceux atteints par le télescope spatial Hubble. Les meilleurs systèmes adaptatifs travaillant à plein temps sur de gros instruments sont installés sur le télescope William-Herschel des Canaries (4,2 m) et sur le télescope franco-canadien-hawaïen (Canada-France-Hawaii-Telescope [CFHT]), aux îles Hawaii (3,6 m) ; pour le moment, ils atteignent une résolution qui ne dépasse pas 0,35" d'arc. Deux télescopes de dimensions comparables seront toutefois bientôt en mesure de faire mieux : le réflecteur de 3,5 m du Starfire Optical Range au Nouveau-Mexique, qui est déjà entré en fonction, et le Telescopio Nazionale Galileo, dont la réalisation sera terminée en 1996, en Italie, et qui sera installé aux Canaries. Pour l'heure, les optiques adaptatives peuvent jouer un rôle complémentaire sans entrer en concurrence avec le télescope spatial, mais le futur de l'astronomie optique semble devoir se jouer sur Terre : un télescope à optique adaptative coûte, à diamètre égal, seulement 1/100 de ce que coûte un télescope spatial. Peu après l'an 2000, devrait entrer en fonction, sur le Cerro-Paranal, le *Very Large Telescope* à optique adaptative de l'Observatoire européen austral (European Southern Observatory [ESO]), qui, avec ses 16 m de diamètre équivalent, pourrait franchir le cap du centième de seconde d'arc !

Ci-dessous, le télescope anglo-australien de 3,9 m de diamètre, situé à Siding Spring, à 1 150 m d'altitude en Nouvelle-Galles du Sud (Australie), est l'un des plus grands télescopes du monde.

Ci-dessus, deux symboles de l'astronomie spatiale de ces dernières années. À gauche, la sonde Voyager 2 qui, entre 1977 et 1989, a solaire, arrivant jusqu'à Neptune. À droite, le télescope spatial Hubble lancé en 1990 et remis en état en 1993, qui explore tous les domaines

Le système solaire

Il y a quatre milliards et demi d'années, dans une région située à près de 30 000 al du centre de la Voie lactée, une zone riche en poussières et en gaz commence à se fractionner et à se contracter, peut-être en raison de bouleversements provoqués par une ou plusieurs explosions de supernovae. Sous l'effet de cette perturbation, la nébuleuse se fragmente en nébuleuses plus petites, animées, chacune, sous le choc, par un léger mouvement de rotation. De par sa propre force de gravité, le nuage va se contractant et, au fur et à mesure qu'il se réduit, en vertu de la loi de la conservation du moment angulaire (celle-là même qui imprime un mouvement de rotation plus rapide à une patineuse quand elle croise les bras), la vitesse de rotation de la nébuleuse augmente, entraînant, du fait de la force centrifuge, un aplatissement de celle-ci.

Sous l'effet de son propre poids, la plus grande partie de cet amas se concentre au cœur du nuage, qui se réchauffe. Vers 6 000 000 de degrés, se déclenchent les réactions nucléaires : c'est l'allumage du Soleil.

Quant au reste de la nébuleuse, elle se mue bientôt en un disque aplati (voir image de gauche). Dans sa partie la plus interne, les poussières, sous le choc de collisions réciproques toujours plus nombreuses et sous l'influence des forces magnétiques et électrostatiques, commencent à se coaguler, formant des amas de granules de près de 1 m de large. À ce stade, les forces gravitationnelles prennent le dessus et les fragments s'attirent de plus en plus fort. Du choc de ces accrétions naissent des corps toujours plus importants, de quelques kilomètres de dimension, appelés des planétésimaux, qui se mettent à tourner autour du Soleil en décrivant une orbite elliptique plus ou moins aplatie ou inclinée. Parallèlement, le jeune Soleil commence à souffler un fort vent de particules chargées, des protons et des électrons, qui dépouille quasi totalement de gaz la partie interne du système solaire. De nouvelles collisions se produisent entre les planétésimaux, donnant naissance à des corps à peu près gros comme la Lune (d'environ 3 000 km de diamètre), en orbite sur des trajectoires approximativement circulaires. Enfin, ces corps, qui vont lentement s'agrégeant, finissent par former les planètes dites « telluriques » : Mercure, Vénus, Mars et la Terre. Peut-être un planétoïde de la grandeur de Mars est-il entré en collision avec notre planète, pour donner naissance à la Lune.

À peine au-delà de Mars, les planétésimaux ne parviennent pas à s'agréger et à former une véritable planète en raison des fortes perturbations provoquées par la grande masse de Jupiter. Le résultat, c'est que, entre Mars et Jupiter, demeurent près de 100 000 morceaux de roche, les astéroïdes, d'un diamètre variant de quelques mètres à 1 000 km pour le plus gros : Cérès.

Au-delà de Mars, l'influence du vent solaire se fait moins sentir et, par conséquent, le gaz de la nébuleuse protosolaire ne peut être balayé. Par suite d'instabilités gravitationnelles dues à l'attraction solaire, des

Ci-dessus, les deux hypothèses majeures sur la formation du système solaire. Dans les deux cas, on part d'une nébuleuse de poussières et de gaz en rotation. Dans la séquence de gauche, la formation des planètes se fait par accrétion collisionnelle ; dans celle de droite, par détachement d'anneaux de gaz et constitution de protoplanètes gazeuses. La première hypothèse semble fondée pour les planètes telluriques, pour Uranus, Neptune et Pluton ; la seconde pour Jupiter et Saturne.

À gauche, une reconstitution imaginaire du système solaire, vue de l'extérieur par un témoin hypothétique. Les dimensions des planètes sont exagérément grossies. En réalité, elles apparaîtraient comme des points lumineux.

anneaux de gaz se détachent des bords de la nébuleuse et se condensent peu à peu en grands amas de formes grossièrement sphériques, les protoplanètes gazeuses d'où naîtront les grandes planètes constituées de gaz, comme Jupiter et Saturne, qui ont plus ou moins la même composition chimique que le Soleil, à savoir : hydrogène et hélium.

En revanche, Uranus et Neptune se sont sans doute formés comme les planètes internes par accrétion collisionnelle, à ceci près que les planétésimaux, formés très loin du Soleil dans des régions plus froides, étaient composés non seulement de roches, mais aussi de glaces. Dans cette région, la nébuleuse protosolaire était moins dense et les embryons d'Uranus et de Neptune circulaient autour du Soleil bien plus lentement que Jupiter et Saturne. Il en résulte qu'ils n'ont pas pu capturer autant d'hydrogène et d'hélium primordiaux que les deux planètes géantes, si bien que leurs dimensions se sont maintenues à un niveau intermédiaire entre celles de Jupiter ou Saturne et des planètes telluriques.

L'origine de Pluton et de son satellite Charon est encore différente. L'on a récemment avancé l'hypothèse que ces deux corps pourraient provenir, comme Uranus et Neptune, de l'agrégation collisionnelle de fragments de planétésimaux gelés, qui a laissé pour traces, outre ces deux objets, des dizaines, voire des centaines de petites planètes glacées, situées au-delà de Pluton. L'hypothèse a été en partie confirmée au niveau expérimental par la récente découverte d'une douzaine d'objets sur des orbites transneptuniennes et transplutoniennes, d'une dimension d'environ 200 km. D'après Alan Stern de l'université du Colorado, des milliers de mini-planètes glacées, ayant un diamètre de l'ordre de 1 000 km, se seraient formées dans le système solaire primordial externe pour être ensuite expulsées hors de celui-ci. Pluton, Charon et le satellite de Neptune, Triton, seraient les seuls rescapés de l'aventure.

Ci-contre, le système de satellites de Jupiter rappelle, en plus petit, le système solaire. Les groupes de satellites des planètes géantes se sont probablement formés de la même façon. Dans ce photomontage, élaboré par la NASA, figurent les quatre satellites les plus grands : Io, Europa, Ganymède et Callisto.

Ci-dessous, tableau présentant les principales caractéristiques des planètes.

CARACTÉRISTIQUES DES PLANÈTES DU SYSTÈME SOLAIRE

	Distance du Soleil (la Terre = 1)	Diamètre équatorial (km)	Masse (la Terre = 1)	Période de rotation	Période de révolution	Nombre de satellites
Mercure	0,3871	4 878	0,0553	58,65 jours	87,969 jours	0
Vénus	0,7233	12 102	0,8149	243,01 jours	224,701 jours	0
Terre	1,0000	12 756	1,0000	23,9345 heures	365,256 jours	1
Mars	1,5237	6 786	0,1074	24,6229 heures	686,98 jours	2
Jupiter	5,2028	142 984	317,938	9,841 heures	11,8623 années	16
Saturne	9,5388	120 536	95,181	10,233 heures	29,458 années	18
Uranus	19,1914	51 118	14,531	17,9 heures	84,01 années	15
Neptune	30,0611	49 528	17,135	19,2 heures	164,79 années	8
Pluton	39,5294	2 320	0,0022	6,3872 jours	248,54 années	1

2)

Page ci-contre, quatre images en ultraviolet de l'atmosphère de Vénus. Composée essentiellement d'anhydride carbonique, elle a une telle densité qu'elle demeure impénétrable même aux caméras des sondes interplanétaires. En lumière visible, elle apparaît uniforme et dépourvue de toute structure ; en revanche, l'ultraviolet met bien en évidence la dynamique atmosphérique et l'évolution des nuages, constitués d'acide sulfurique, qui forment de curieuses structures cunéiformes, en Y ou en C renversé. ■ Images prises en 1979 avec le photopolarimètre de l'orbiteur de la sonde Pioneer Venus.

Ci-dessus et à droite, les deux hémisphères de Mercure photographiés par la sonde Mariner 10 en 1974, respectivement en approchant et en s'éloignant de la planète. Mercure rappelle la Lune avec son sol boursouflé de cratères d'impact. Les deux hémisphères présentent des différences marquées : le premier est plus cratérisé, le second, à droite, montre de vastes régions de plaines et un grand bassin de 1 400 km de diamètre, la mer Caloris, visible au centre de la photo, le seul, semble-t-il, comparable aux grands bassins de la Lune, appelés mers, formés par des coulées de lave il y a trois ou quatre milliards d'années. Un jour de Mercure dure deux de nos mois, ce qui, avec l'absence d'atmosphère, explique les grands écarts de température entre le jour : 430° C et la nuit : – 170° C. ■ Images composites, formées, chacune, d'une mosaïque de dix-huit photogrammes, prises à une distance de 200 000 km par la caméra grand champ de la sonde (62 mm de focale). À droite, image élaborée en couleurs fictives par Mehau Kulyk.

L'inauguration des missions interplanétaires s'est faite sous le signe de Vénus, avec le lancement, en 1961, du Spoutnik 7 soviétique, qui se solde par un échec. Le premier succès est remporté par la NASA, l'année suivante, avec l'envoi de Mariner 2 à 35 000 km de Vénus. En 1966, la sonde soviétique Venera 3 est le premier vaisseau spatial à se poser sur une autre planète. En 1967, Venera 4 largue un module avec parachute qui analyse pour la première fois l'atmosphère vénusienne ; mais, une fois posé, l'engin cesse brusquement de fonctionner, tout comme les Venera 5 et 6 des expéditions suivantes. Enfin en 1969, Venera 7, qui atterrit sur Vénus, transmet des données pendant 23 min, enregistrant les paramètres qui avaient bloqué les sondes précédentes : une pression de 90 atmosphères et une température de 477° C ! En 1974, la sonde américaine Mariner 10 frôle Vénus lors de son voyage vers Mercure et révèle ainsi certaines caractéristiques de sa circulation atmosphérique. En 1975, Venera 9 et Venera 10 produisent les premières images jamais réalisées du sol d'une planète. En 1978, la NASA lance Pioneer Venus, dont l'orbiteur analysera pendant quatorze ans l'atmosphère vénusienne.

La sonde Pioneer Venus était équipée d'un radar en mesure de réaliser ce que les techniques traditionnelles de la photographie n'avaient jamais permis de faire : cartographier la surface de Vénus. Cette technique repose sur un principe très simple : on mesure les retards enregistrés dans la réception des signaux envoyés par l'antenne de la sonde et réfléchis par le sol de la planète sous différents angles, et l'on « reconstruit » ainsi les détails de sa surface, verticalement et horizontalement. Les premières cartes au radar de Vénus ont toutefois été établies de la Terre, avec les radiotélescopes de Goldstone, en Californie (d'un diamètre de 64 m), et d'Arecibo, à Porto Rico (d'un diamètre de 305 m), entre 1975 et 1977, avec une résolution comprise entre 4 et 20 km. Le radar de Pioneer Venus ne permet pas de faire mieux sur ce point, relevant des détails d'environ 70 km, mais il permet d'établir une cartographie plus complète. En 1983 et 1984, la qualité des relevés fait un bond en avant avec les sondes soviétiques Venera 15 et Venera 16, équipées d'un nouveau type de radar à ouverture de synthèse (SAR) qui améliore d'un ordre de grandeur la résolution horizontale et permet de relever des détails de 1 ou 2 km de diamètre, à la surface de la planète.

À gauche, le Maat Mons, un volcan de 8 000 m de haut, vu en perspective tridimensionnelle d'un point d'observation situé à une altitude de 1 700 m. Des coulées de lave solidifiée s'étendent, depuis la base du volcan, sur des centaines de kilomètres. La présence de volcans et d'immenses champs de coulées de lave est la caractéristique dominante de Vénus. Certaines études récentes indiquent qu'un grand nombre de volcans pourraient toujours être en activité à l'heure actuelle.

■ Pour réaliser les images tridimensionnelles de cette page, les données du radar de Magellan ont été combinées avec celles du radar altimètre. En outre, pour bien mettre en évidence les structures de faibles dimensions, l'on a recouru à des couleurs simulées et à une carte altimétrique numérique mises au point par le US Geological Survey (USGS). On a également exagéré les dimensions verticales. Ces images ont été produites au Multimission Image Processing Laboratory du JPL.

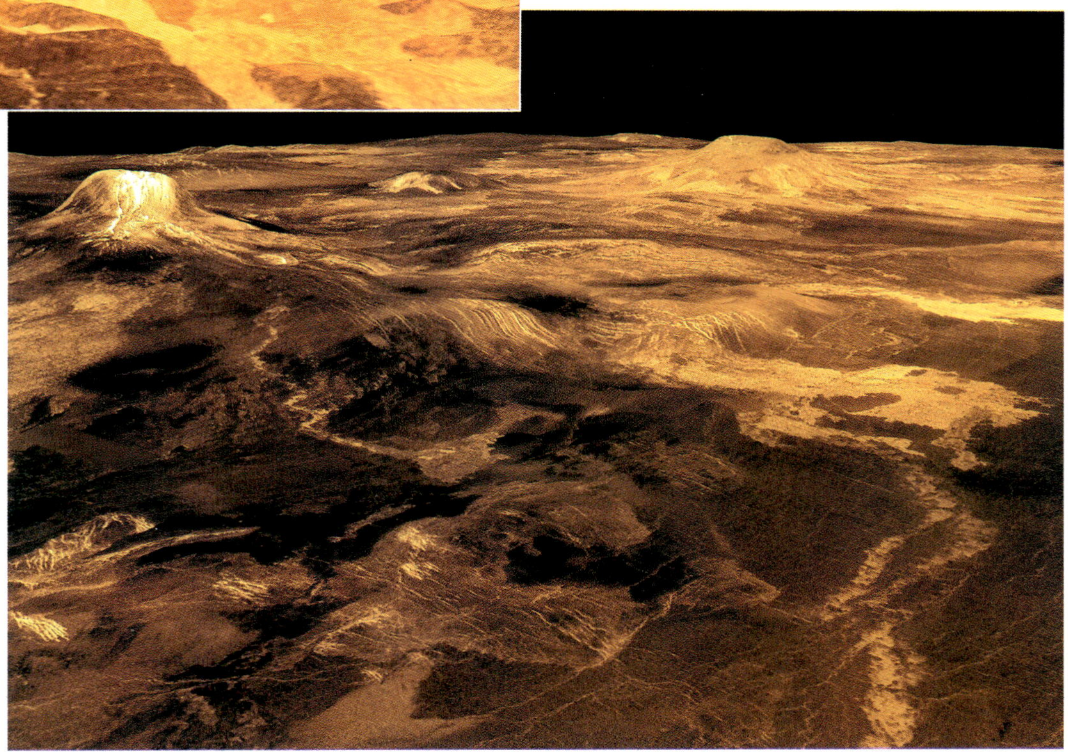

Page ci-contre, mosaïque de l'hémisphère septentrional de Vénus réalisée à l'ordinateur, au Jet Propulsion Laboratory (JPL) de Pasadena, en Californie. Cette image a été obtenue à partir de photogrammes pris par le radar de la sonde Magellan au cours de trois cycles de relevés de huit mois chacun, effectués entre 1990 et 1992, qui ont permis de dresser la carte de 98 % de la surface de Vénus. Les tonalités chromatiques sont tirées des photos en couleurs du sol vénusien prises par les sondes Venera 13 et 14 en 1982.

À droite, vue tridimensionnelle de la partie occidentale de la région appelée Eistia Regio. Le point de vue est situé à une hauteur de près de 7 500 m par rapport au sol. Les deux montagnes que l'on aperçoit sont des volcans; à gauche, le Gula Mons, de 3 000 m de haut ; à droite, le Sif Mons, de 2 000 m. La distance qui sépare ces deux montagnes est de 730 km. Des coulées de lave fossiles s'étendent sur des centaines de kilomètres, à travers les plaines crevassées, visibles à la base du Gula Mons.

Les travaux de la sonde Magellan de la NASA, entrepris le 15 septembre 1990, marquent un nouveau tournant dans l'histoire de la cartographie de Vénus. La sonde, là encore dotée d'un radar à synthèse d'ouverture SAR, est en mesure d'améliorer la résolution d'un ordre de grandeur; le record passe donc à 120 m pour la résolution superficielle et à 10 m pour l'altimétrique. Une fois le troisième cycle cartographique achevé, le 14 septembre 1992, l'orbite de la sonde est abaissée et une nouvelle série de trois cycles est inaugurée, on mesure le profil gravitationnel de la planète qui révèle d'éventuelles anomalies de masse superficielles, tandis que, parallèlement, la densité de l'atmosphère est analysée à travers l'action freinante que celle-ci exerce sur la sonde au point le plus bas de son orbite. Le 11 octobre 1994, faute de crédits, la sonde Magellan s'écrase sur Vénus.

Contrairement à Vénus, Mars a une atmosphère très ténue, toujours composée de gaz carbonique, dont la densité équivaut à peine à 1/50e de celle de la Terre. La température moyenne au sol est actuellement de – 60° C, mais elle devait être beaucoup plus élevée dans le passé, car l'eau y courait librement en surface. On y trouve en effet des traces de lits fluviaux asséchés. Certains pensent même qu'un grand océan a pu occuper l'hémisphère Nord et que sa profondeur devait atteindre près de 1 500 mètres.

Ci-dessus, à gauche, la région autour du cratère Schiaparelli (presque au centre) avec, au sud, la large bande sombre de l'Oxla Palus ; en haut, à droite, la région appelée Syrtis Major Planitia, que l'on reconnaît à sa grande tache sombre. En bas, à gauche, la région des Valles Marineris, grand canyon de 4 000 km de long avec les trois grands volcans, de 25 km de haut, de la région de Tharsis (à l'extrême gauche). À droite, la région de Cerbère, identifiable à l'immense tache sombre sur tout un côté de la photo.

■ Images élaborées par Alfred McEwan, Tammy Becker et Lawrence Soderblom de l'USGS, à partir d'une centaine de photogrammes pris en lumière rouge et violette par les deux caméras électroniques, de 1 500 mm de distance focale, des orbiteurs des Viking en 1980. Y est simulé un point de vue en hauteur, d'une orbite martienne située à 2 500 km de hauteur. La résolution est de 600 m.

Après deux tentatives manquées des Soviétiques, en 1962 avec Mars 1 et en 1964 avec Zond 2, les États-Unis s'assurent le premier succès sur Mars en 1965 avec la mission de Mariner 4 qui, pour la première fois, envoie sur terre vingt-deux images d'un monde totalement étranger. Mariner 6 et Mariner 7 en 1969, réalisent respectivement 75 et 126 photos. En 1971, Mariner 9 s'introduit sur l'orbite de Mars, poursuit sa mission pendant dix-sept mois, transmettant 7 300 photographies et une foison de données sur l'atmosphère, le climat, la géologie et le magnétisme de cette planète. Encore plus fondamental sera l'apport de Viking 1 et Viking 2, constitués par un module orbital et un module d'atterrissage, qui atteignent la planète en 1976 et fonctionnent, respectivement, jusqu'en 1980 et 1982, dépassant toutes les prévisions de longévité (quatre-vingt-dix jours), recueillant 51 000 images et des milliards de données, analysant le sol de Mars et cartographiant sa surface, avec une résolution de 50 m.

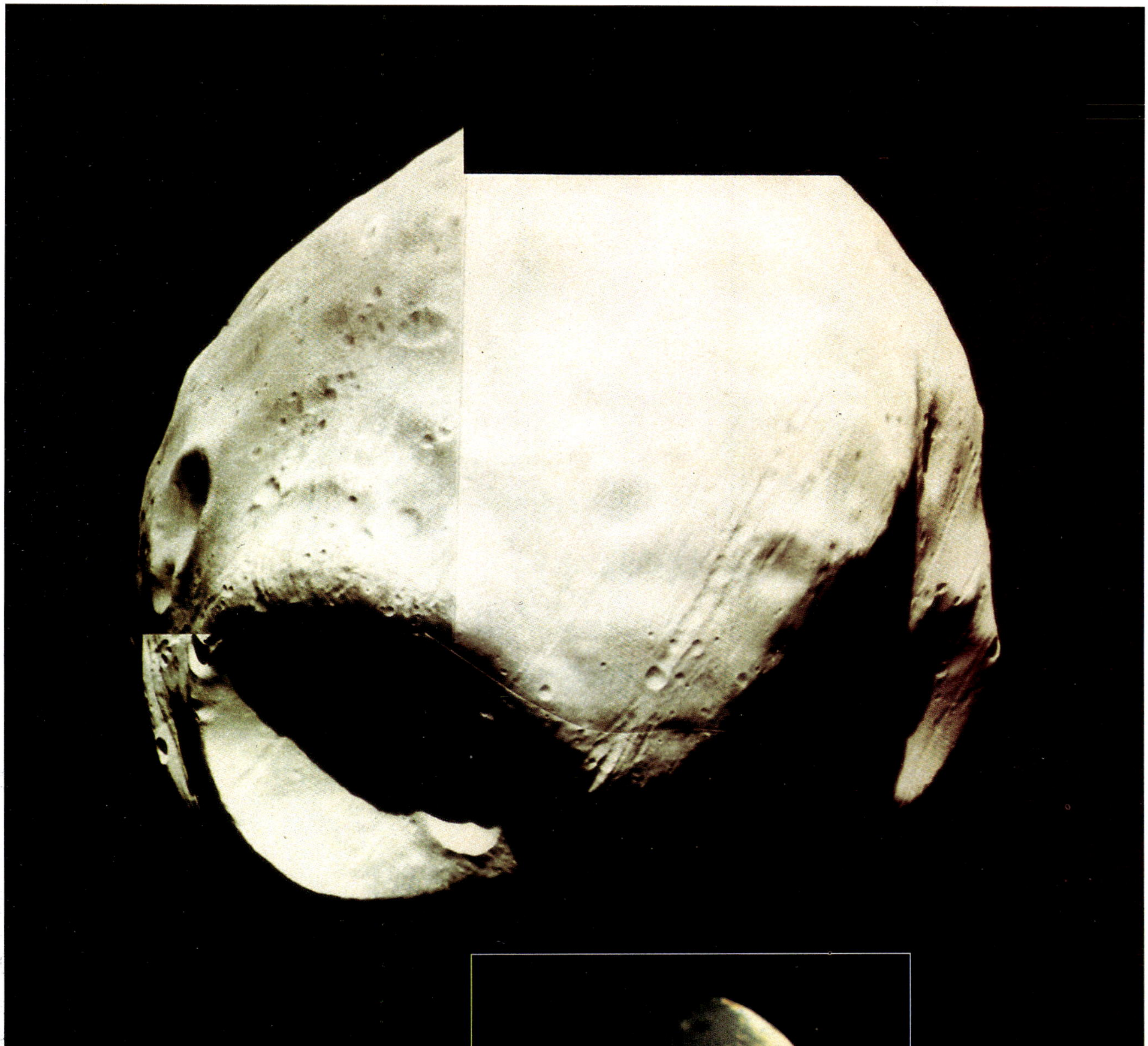

Mars a deux minuscules satellites, Phobos et Deimos, qui sont, fort probablement, des astéroïdes capturés, vu la proximité de la planète de la bande des planètes mineures. Cette hypothèse se trouve également confirmée par la ressemblance qui existe entre les satellites de Mars et les premiers astéroïdes photographiés (voir pages suivantes).
À gauche, Phobos, qui a la forme d'un ellipsoïde et des dimensions de 28 x 22 x 18 km. Le grand cratère visible dans la partie inférieure de la photo est dénommé Stickney et a un diamètre de presque 10 km. Les lignes qui partent du cratère ont une largeur comprise entre 100 et 200 m et une profondeur de 20 m. Il s'agit, selon toute probabilité, de fractures superficielles causées par l'impact de Stickney.
■ Mosaïque composée de photogrammes pris par l'orbiteur de Viking 1, à une distance de 612 km.

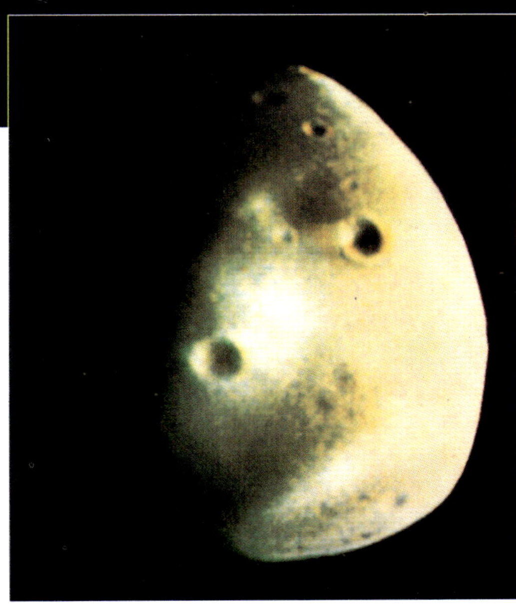

À droite, Deimos, dont les dimensions sont de 15 x 12 x 11 km. Contrairement à Phobos, dont la surface est assez homogène, Deimos présente des taches brillantes. Phobos et Deimos sont plutôt sombres, beaucoup plus, en moyenne, que les astéroïdes de la bande interne. Ils ressemblent davantage aux petites planètes de la classe C, présentes dans la bande astéroïdale externe. La composition de Phobos et de Deimos est comparable à celle des chondrites carbonés, une classe de météorites qui comprennent une quantité de carbone plus élevée que celle des météorites pierreuses ordinaires et dont la composition est proche de celle de la nébuleuse solaire primordiale.

■ Cette image, qui présente une résolution de 200 m, a été obtenue en combinant deux prises de vue en lumière monochrome, effectuées par l'orbiteur de Viking 1. Des filtres orange et violets ont été employés pour donner davantage d'éclat à la couleur du satellite, normalement grisâtre, comme celle de Phobos.

À gauche, l'astéroïde Gaspra, photographié le 29 octobre 1991, par la sonde Galileo. Gaspra n'est pas un corps primitif ; il provient certainement de la fragmentation d'un astéroïde de plus grande taille. Ses dimensions sont de 19 x 12 x 11 km. ■ Cette image a été composée par des équipes du JPL, de l'USGS et de l'université Cornell d'Ithaca, à partir d'une prise de vue en noir et blanc, à meilleure résolution (54 m), effectuée à la distance minimale. D'autres images prises en lumière violette, verte et dans le proche infrarouge, à basse résolution (164 m), ont été superposées sur la première pour obtenir un résultat en fausses couleurs permettant de mettre en évidence les différences topographiques superficielles de terrains.

Page ci-contre, l'astéroïde Ida et sa petite lune Dactylo, photographiés en lumière visible, par l'appareil CCD de la sonde Galileo de la NASA, le 28 août 1993. Les dimensions d'Ida sont de 58 x 23 km environ ; celles de Dactylo de 1,5 km. Ida fait partie d'une grande famille de deux cents astéroïdes appelée Koronis, provenant de la fragmentation d'un unique corps de grande taille.

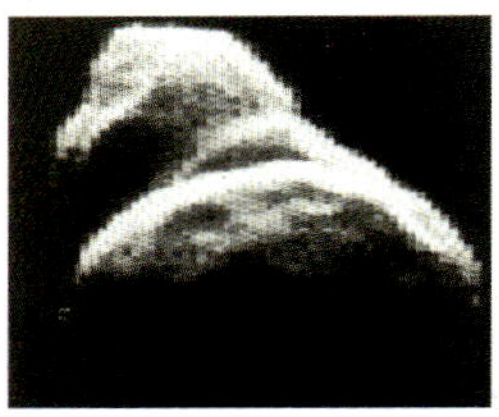

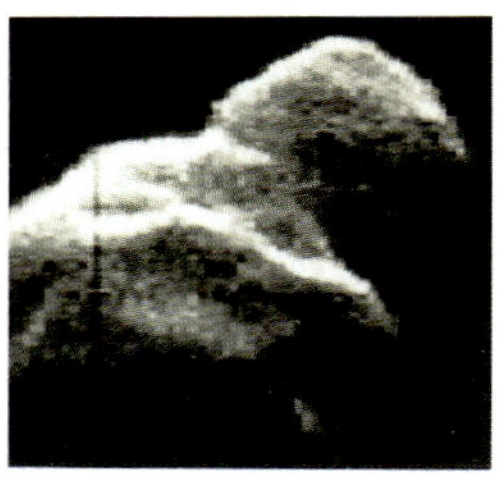

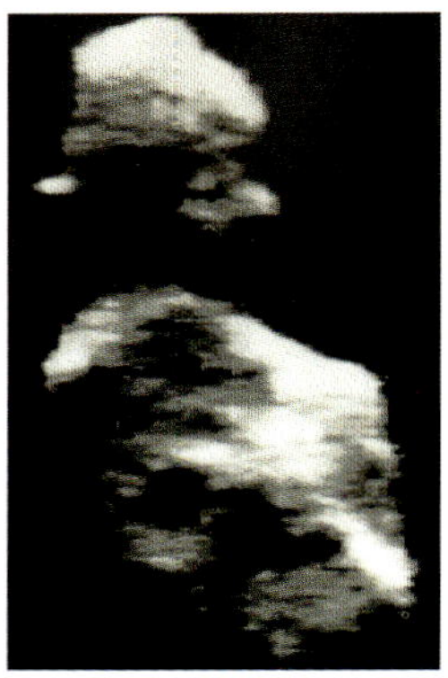

Ci-dessus, trois images radar de l'astéroïde Toutatis réalisées par Steven Ostro du JPL, à l'aide des radiotélescopes, de 70 et 34 m, de Goldstone, en Californie, au cours de la phase de rapprochement de l'astéroïde de la Terre (à 4 millions de km) en décembre 1992. Toutatis est formé de deux corps en contact, mesurant 4 et 2,5 km.

À droite, élaboration, à l'aide de techniques mathématiques très pointues, des images radar de l'astéroïde Castalia, réalisées en 1989 lors de son passage à une distance rapprochée (4 millions de km) de la Terre, par Steven Ostro, à l'aide du radiotélescope d'Arecibo (parabole de 305 m). Comme Toutatis, Castalia est constitué de deux corps en contact mais de plus petite taille : ils mesurent entre 800 et 900 m chacun.

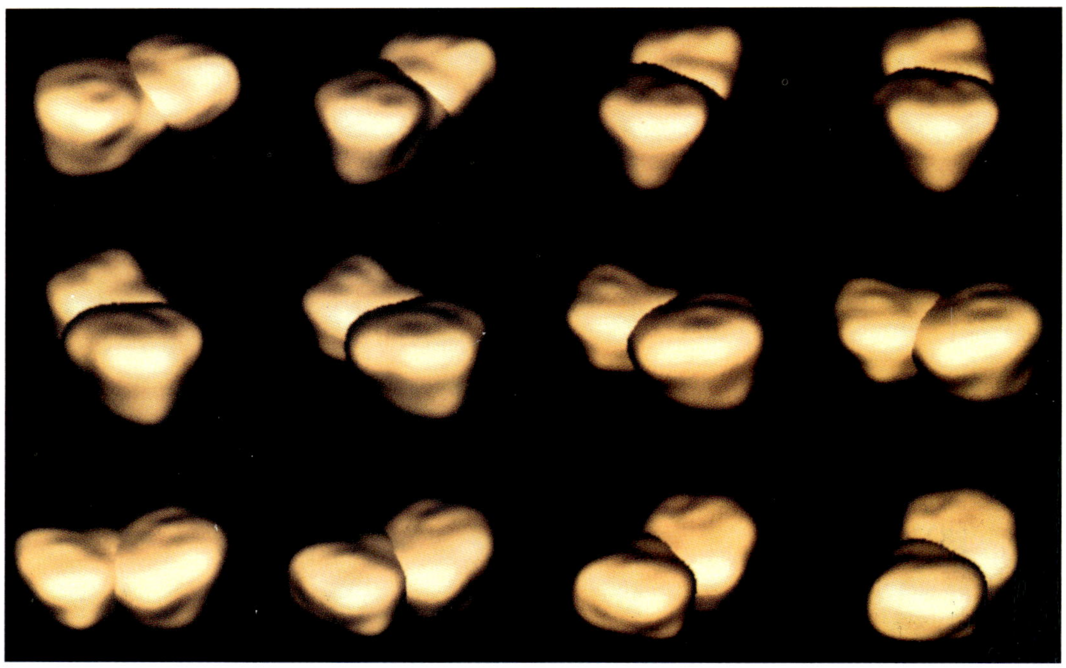

En 1771, l'astronome français Joseph Jérôme Lefrançois de Lalande et, en 1772, Johann Daniel Tietz, professeur de mathématiques à l'université de Wittenberg, remarquent qu'une relation empirique semble lier les distances des planètes par rapport au Soleil. La même année, le tout jeune Johann Ebert Bode, qui, plus tard, dirigera l'observatoire astronomique de Berlin, met en évidence que, dans cette relation, il manque un terme, correspondant à une planète qui, d'après ses calculs, devrait se situer quelque part entre Mars et Jupiter. Quand, en 1781, William Herschel découvre Uranus, au-delà de Saturne, l'on constate que cette planète aussi se conforme à la relation, désormais connue sous le nom de loi de Titius (latinisation de Tietz) et Bode. Reste à combler le trou entre Mars et Jupiter. En été de l'an 1800, le baron autrichien Franz Xaver von Zach, astronome amateur très compétent, forme un groupe de recherche réunissant certains des astronomes les plus renommés de son temps : Bode, Schröter, Olbers et Harding,

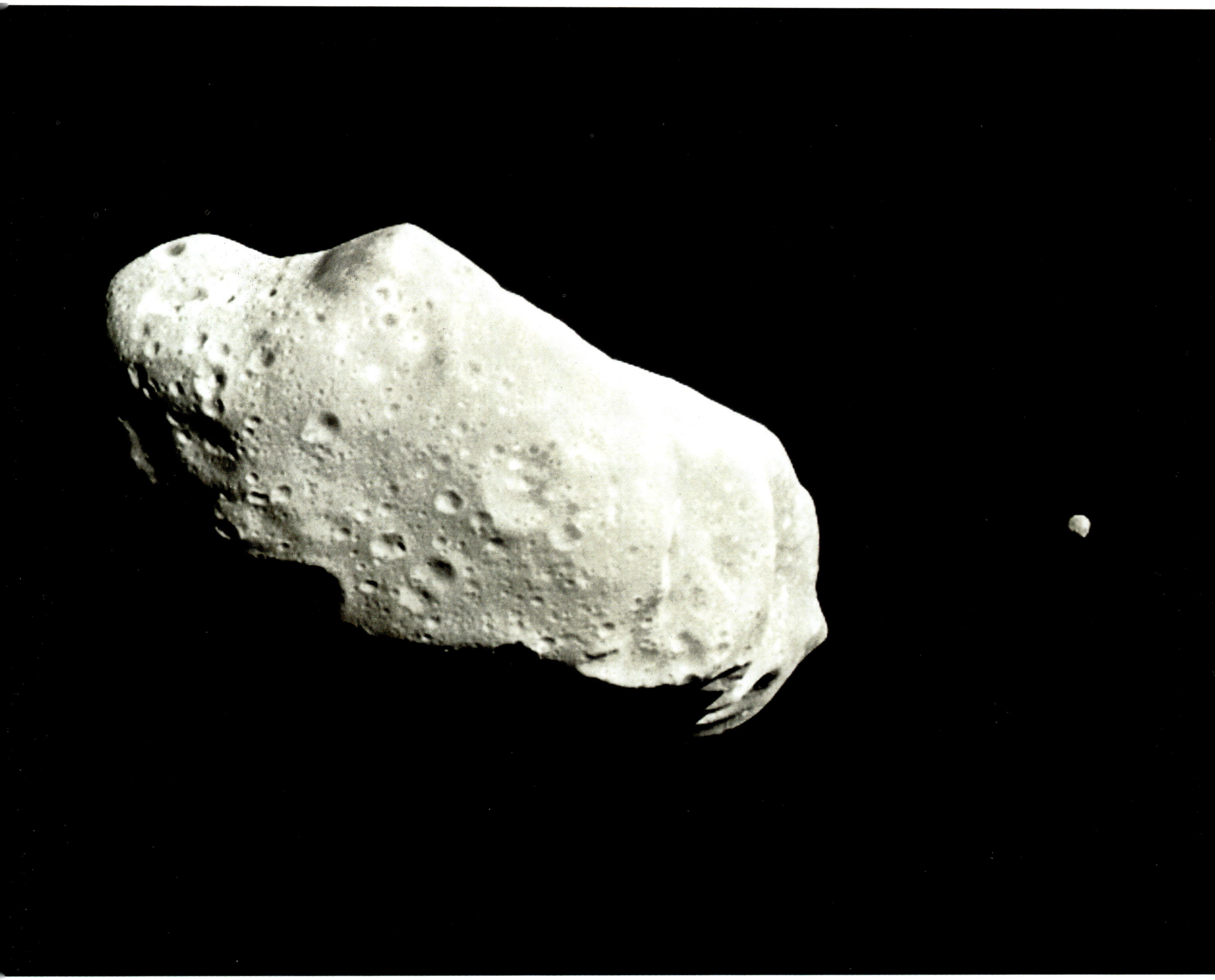

avec pour tâche de trouver l'astre manquant. Mais cette Himmel-Polizei ou « Police du ciel », comme le groupe sera surnommé, est précédée par un Italien. Giuseppe Piazzi, depuis 1787 directeur de l'observatoire astronomique de Palerme, étudie depuis neuf ans les mouvements des étoiles propres ; sa recherche lui a été suggérée par Herschel qu'il a connu en Angleterre lors de sa découverte fortuite d'un nouvel objet : Cérès, en 1801. Avant qu'il soit toutefois possible d'en calculer l'orbite, Cérès cesse d'être visible car il est trop proche du Soleil. À partir des observations faites par Piazzi, le grand mathématicien allemand Carl Friedrich Gauss réussit à calculer l'orbite de Cérès et à en indiquer les positions successives dans le ciel. Le 1er janvier 1802, un an après sa découverte, le baron von Zach parvient à le retrouver. Mais l'on comprend très vite que Cérès ne peut pas être la planète recherchée, non seulement parce qu'elle est trop petite (Herschel en avait estimé le diamètre à 250 km, se trompant, d'ailleurs, par défaut, de quatre fois), mais parce que, bien vite, on en trouve d'autres. Olbers découvre la deuxième petite planète, Pallas, le 28 mars 1804 ; Harding la troisième, Junon, en 1804. C'est encore Olbers qui trouve la quatrième, Vesta, en 1807. À ce jour, on connaît les paramètres de quelque 6 000 petites planètes, ou astéroïdes.

4)

L'atmosphère de Jupiter, très turbulente et colorée, est organisée en zones claires et en bandes sombres. Les zones claires sont formées de nuages de cristaux d'ammoniac qui chauffent sous l'effet de la chaleur interne de la planète, montent et se refroidissent. Les bandes sombres indiquent les régions les plus froides et les plus basses, en mouvement descendant, sans nuages ; à travers celles-ci, on aperçoit l'atmosphère sous-jacente, plus sombre, formée d'hydrogène et de sulfure d'ammonium. ■ Cette image a été prise par Voyager 1, à une distance de 30 millions de km.

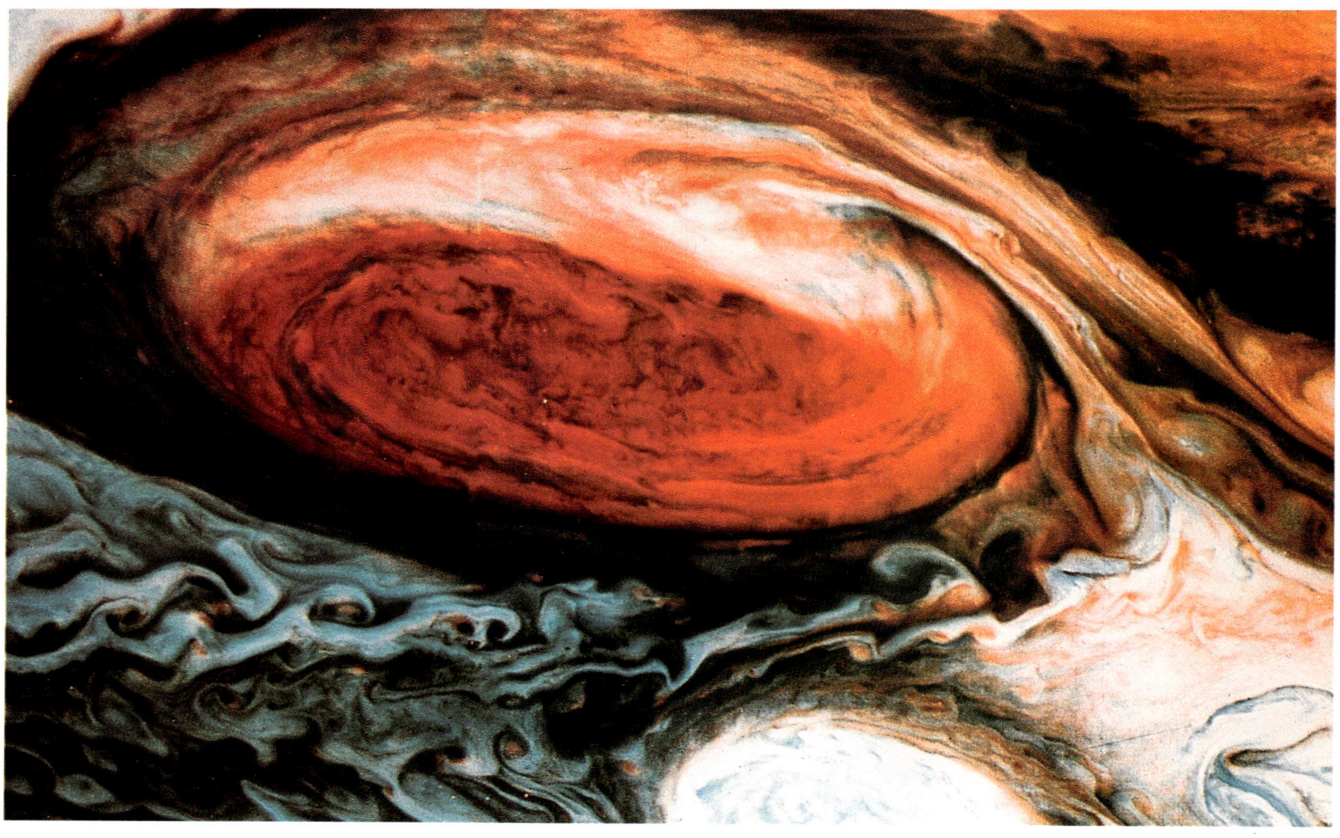

La Grande Tache rouge. Comme les autres taches plus petites de couleur rouge foncé que l'on aperçoit dans l'atmosphère de Jupiter, c'est une structure météorologique à circulation anticyclonique qui domine le reste de l'atmosphère ; sa couleur est due au phosphore rouge qui se forme à la suite de la décomposition de la phosphine. ■ Image élaborée en fausses couleurs, à partir d'une photo prise par Voyager 1 à une distance de 1,8 million de km.

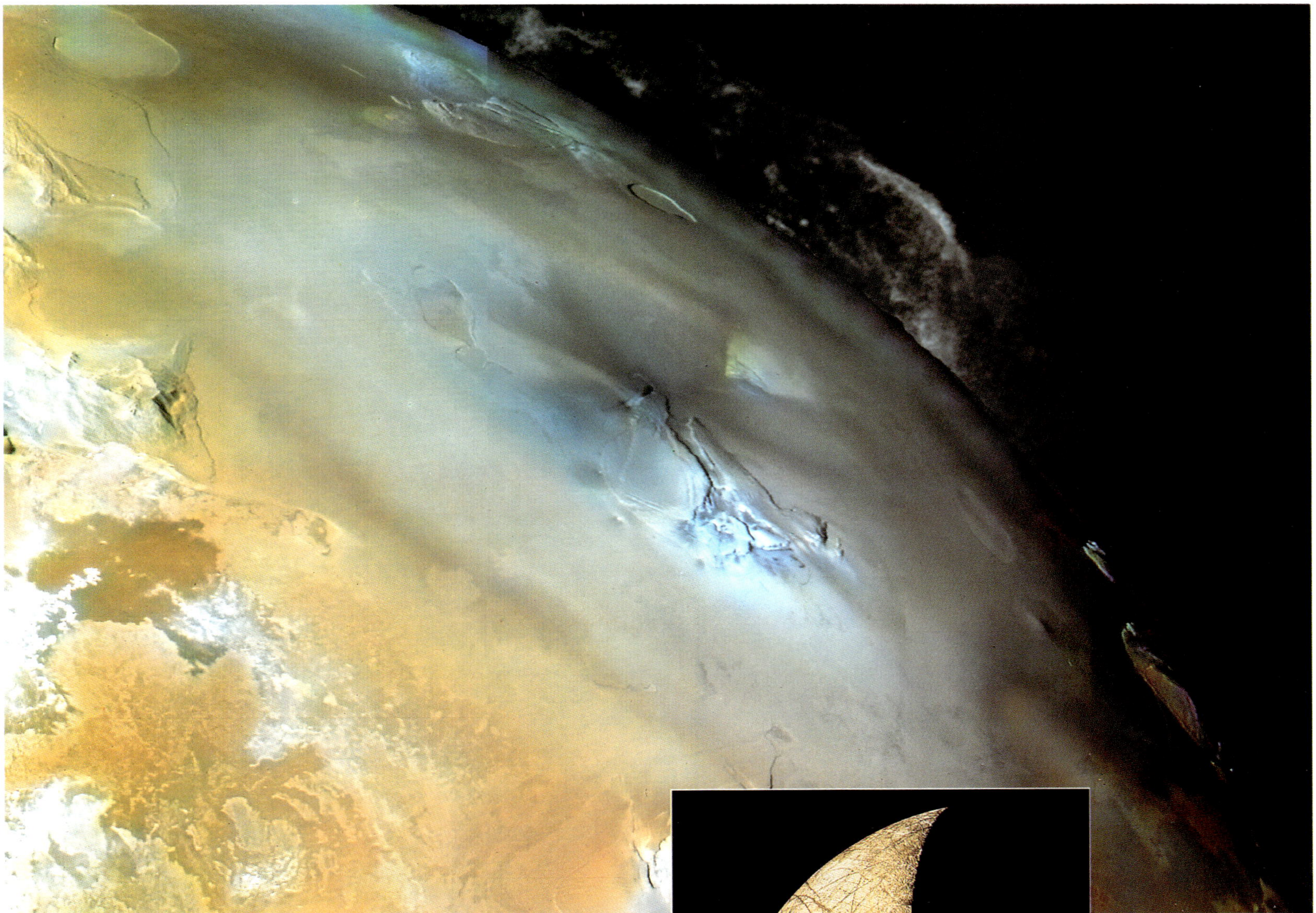

Des quatre satellites de Jupiter (voir p. 19), Io est le plus extraordinaire. Grand plus ou moins comme la Lune, il est à peine plus éloigné de Jupiter que la Lune de la Terre. La proximité de Jupiter déchaîne de formidables marées qui provoquent un très fort échauffement de la partie interne, donnant lieu à un volcanisme aux manifestations imposantes. Une dizaine de volcans actifs font de Io, en termes géologiques, le corps le plus vivant de notre système solaire.
En haut, l'on peut voir une éruption du volcan Pele, le premier qui ait été découvert, semblable à un geyser ; son panache d'anhydride sulfureux atteint une hauteur de 300 km et ses matières éructées se répandent sur 1 400 m de diamètre.
■ Élaboration faite par Alfred McEwen de l'USGS, en combinant des photos en noir et blanc à haute résolution avec des photos en couleurs à basse résolution, prises par Voyager 1.

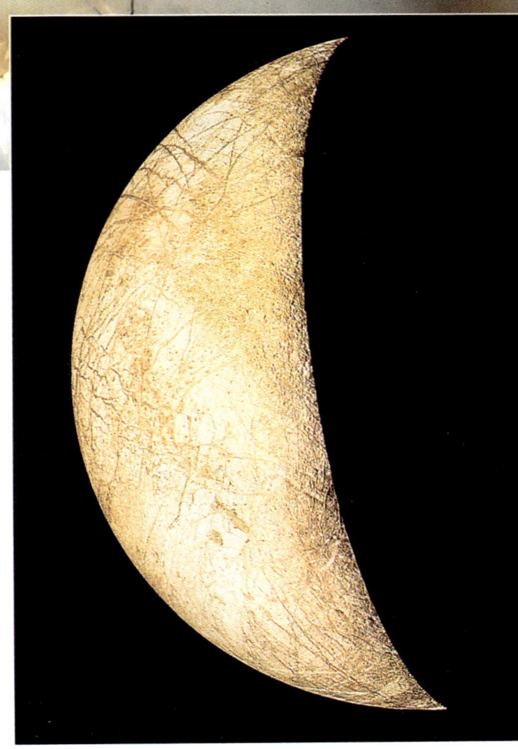

À gauche, le satellite Europa est couvert d'un réseau serré de lignes produit par la fissuration du satellite par suite de la glaciation superficielle de l'énorme océan qui le recouvrait à l'origine. Les failles se sont ensuite remplies de glace mêlée à des silicates sombres, sortis du cœur du satellite.
■ Image élaborée à l'USGS à partir de photographies prises par Voyager 2, avec la même technique que celle employée dans l'image du haut.

À droite, Saturne et ses six satellites « réguliers » : au premier plan, Dioné ; à gauche de Saturne, Encelade et Rhéa ; à sa droite, Téthys et Mimas et, à l'arrière-plan, Titan. Il s'agit de satellites qui ont une orbite pratiquement circulaire et peu inclinée sur l'équateur de la planète. Ils proviennent du disque de poussières et de gaz qui entourait la planète à l'époque de sa formation. Les douze autres satellites, dont trois sont de taille plutôt imposante : Japet, Phœbé et Hypérion, ont été probablement capturés par Saturne seulement dans un deuxième temps. Ils sont tous constitués de glace, d'ammoniac, de silicates et de composés du méthane.
■ Photomontage de la NASA, à partir d'images prises par Voyager 1 en novembre 1980.

Saturne est célèbre pour son système d'anneaux, une prérogative qu'il partage avec les autres planètes gazeuses (quoique les anneaux de Jupiter, d'Uranus et de Neptune soient beaucoup plus ténus).
Le système d'anneaux de Saturne atteint 270 000 km de large, mais son épaisseur reste très réduite : moins de 1 km. L'atmosphère de la planète forme, comme pour Jupiter, des bandes et des zones, mais elle présente beaucoup moins de contrastes, probablement du fait de son absorption par les brouillards d'hydrocarbures.

Sa composition aussi est proche de celle de Jupiter et comprend surtout de l'hydrogène (sous forme d'hydrogène moléculaire ou dans des composés comme le méthane, l'eau, l'ammoniac) et de l'hélium. Curieusement, Saturne est si peu dense – 0,7 g par cm^3 – que s'il existait, hypothèse absurde, un océan assez grand pour le contenir, il flotterait à sa surface.
■ Cette photo a été prise par Voyager 2 le 8 avril 1981, à 18 millions de km de Saturne.

Alors qu'avec les télescopes terrestres l'on distingue, dans le meilleur des cas, quatre anneaux de Saturne, les sondes Voyager ont révélé que chacun de ces éléments est composé d'une multitude de sous-unités de plus en plus visibles au fur et à mesure que l'on approche de la planète. Au plus près de Saturne, l'on a pu observer 10 000 anneaux, disposés comme les microsillons d'un disque 33 tours. Ces anneaux sont constitués de milliards et de milliards de satellites gravitant autour de la planète, composés de roche et de glace, dont les dimensions varient de quelques microns à quelques kilomètres. ■ Image élaborée en fausses couleurs à partir des vues prises par Voyager 2 d'une distance de 8,9 millions de km, en lumière « visible », ultraviolette et orange.

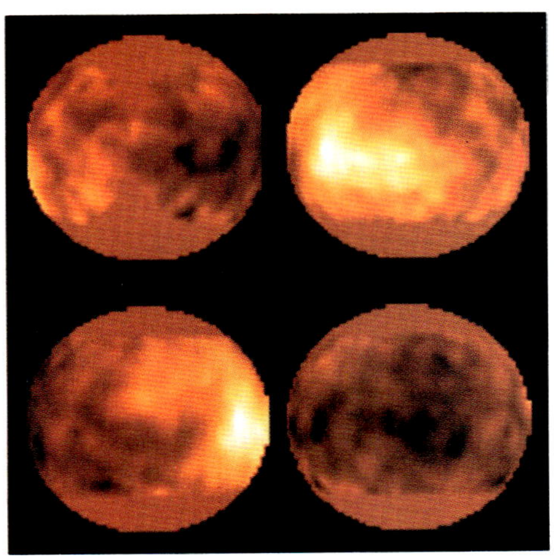

À droite, la caméra mixte planétaire/grand champ 2 montée sur le Télescope spatial perce l'épaisse atmosphère d'azote du satellite de Saturne, Titan, qui avait résisté aux caméras de Voyager 1. ■ Assemblage de seize images prises par Peter Smith de l'université de l'Arizona, en octobre 1994, dans le proche infrarouge, où l'enveloppe de Titan est plus transparente.

À droite, le satellite de Saturne, Encelade qui, bien que dix fois plus petit que Titan (500 km de diamètre contre 5 000), possède une incroyable variété de terrains superficiels, témoignant de l'intense activité géologique dont il a été autrefois le théâtre. ■ Mosaïque en fausses couleurs réalisée à partir de vues prises par Voyager 2, à une distance de 119 000 km.

Les premiers vaisseaux spatiaux qui se sont aventurés vers le système solaire externe, au-delà de la bande des astéroïdes, ont été les sondes jumelles américaines Pioneer 10 et 11. Lancées respectivement en 1972 et 1973, la première a atteint Jupiter à la fin de 1973 ; la seconde est arrivée jusqu'à Saturne, en 1979, après avoir survolé Jupiter, en 1974. Elles devaient, outre effectuer une première reconnaissance des planètes géantes, préparer la voie au lancement de deux engins beaucoup plus sophistiqués et faire la preuve que la traversée de la ceinture astéroïdale était beaucoup moins risquée qu'on ne pouvait l'imaginer. Les deux sondes qui ont suivi en 1977, Voyager 1 et 2, étaient dotées d'instruments très perfectionnés (dont deux caméras électroniques de 200 et 1 500 mm de distance focale) et avaient un programme bien plus ambitieux. Elles ont marqué l'histoire de l'astronautique. Voyager 1 est passé à côté de Jupiter en mars 1979 et a atteint Saturne en novembre 1980 ; Voyager 2 a respecté ses rendez-vous avec les deux planètes en juillet 1979 et en août 1981. L'exploration des deux planètes géantes du système solaire se poursuivra avec l'envoi de deux sondes orbitales : Galileo, dont l'arrivée sur Jupiter est prévue pour décembre 1995, et Cassini, qui arrivera sur Saturne en juin de l'an 2004.

À droite, deux images du pôle Sud d'Uranus, l'une en couleurs réelles, l'autre en couleurs imaginaires. L'atmosphère de la planète est très opaque et, en apparence, dépourvue de structure du fait de l'absorption de la lumière rouge par le méthane présent dans les couches les plus élevées, qui lui donne sa couleur gris-bleu caractéristique. Seule une élaboration en fausses couleurs permet de mettre en évidence certains détails. L'on distingue, dans la zone polaire, une vaste calotte sombre, entourée de bandes concentriques, qui évoque, d'une certaine façon, la circulation atmosphérique de Jupiter et Saturne.
■ Ces images ont été composées à partir de prises de vues effectuées par la caméra électronique, de 1 500 mm de focale, de Voyager 2, à 9,1 millions de km de distance ; des filtres bleu, vert et orange ont été utilisés pour la photo de gauche ; ultraviolet, violet et orange, pour celle de droite.

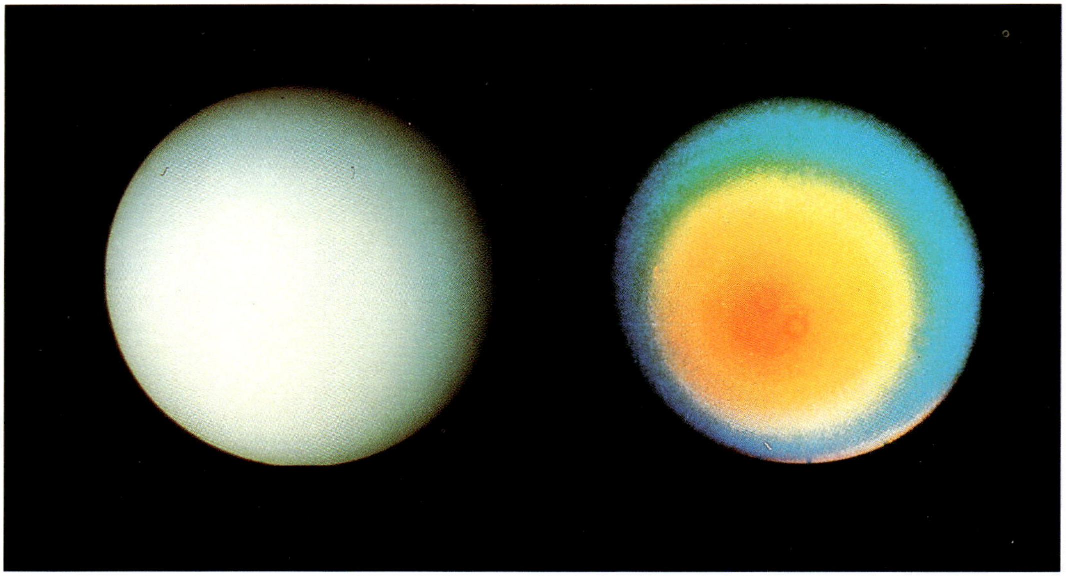

Ci-dessous, le satellite Miranda. Uranus a un système de satellites analogue à ceux de Jupiter et de Saturne. Les cinq principaux ou « réguliers » sont, en commençant par le plus proche : Miranda, Ariel, Umbriel, Titania et Obéron. Leur diamètre varie de 480 à 1 594 km. Ils portent tous, de façon assez surprenante, la marque d'une activité géologique passée, peut-être parce qu'ils contiennent des composés glacés qui fondent à des températures plus basses que la glace formée dans l'eau. Ils sont donc en mesure de réagir même à de légers échauffements dus à la présence interne d'isotopes à vie brève, à l'action des marées d'Uranus ou à l'énergie cinétique des astéroïdes qui bombardent la planète. Le plus étonnant de ces satellites est toutefois le plus petit, Miranda (photo de gauche) qui présente un tel enchevêtrement de terrains divers (cratères, vallées, montagnes, escarpements et failles) que l'on est tenté d'en conclure qu'il s'agit d'un corps qui s'est désintégré par suite de chocs successifs et dont les morceaux se sont « recollés » sous l'effet d'un phénomène d'autogravité.
■ Mosaïque composée de neuf images prises par la sonde Voyager 2, à une distance rapprochée.

Quand les photos de Titan prises par Voyager 1 en novembre 1980 révélèrent que son épaisse atmosphère ne permettait pas d'en observer la surface, la NASA jugea inutile de faire faire le même périple à la sonde jumelle, Voyager 2, pour percer les mystères du satellite de Saturne. L'on ressortit donc un projet caressé dans les années 1960, quand, pour des raisons budgétaires, on avait dû renoncer à l'envoi dispendieux de deux sondes en direction de Jupiter, Uranus et Neptune et deux autres vers Jupiter, Saturne et Pluton, afin d'effectuer ce que l'on avait alors appelé le « grand tour planétaire ». L'idée, peu praticable mais exaltante, était de faire poursuivre sa course à Voyager 2 jusqu'à Uranus et Neptune. Il n'y avait pas plus de 30 % de chances de réussir dans cette entreprise, car le vaisseau spatial n'avait pas été conçu pour durer aussi longtemps ni pour opérer à une telle distance de la Terre, de façon totalement autonome et dans des conditions de lumière aussi différentes de celles que l'on trouvait sur Jupiter et Saturne. Qui plus est, la sonde avait subi plusieurs avaries, dont deux très graves à l'antenne radio et à la plate-forme porte-instruments. Mais, malgré tout cela, Voyager 2 parvient à mener à bien sa mission et à accomplir la plus spectaculaire des traversées en solitaire jamais réalisées dans l'histoire de l'astronautique. Uranus sera atteint en janvier 1986 ; Neptune en août 1989.

À droite, l'atmosphère de Neptune possède la même composition (hélium et hydrogène) que celle des autres planètes gazeuses. Elle doit sa couleur azurée à l'absorption du rayonnement solaire par le méthane, en quantité encore plus importante que sur Uranus. Sur la photo, on aperçoit la Grande Tache sombre, structure cyclonique semblable à la Grande Tache rouge de Jupiter.
■ Reconstruction faite à partir de deux images prises par Voyager 2.

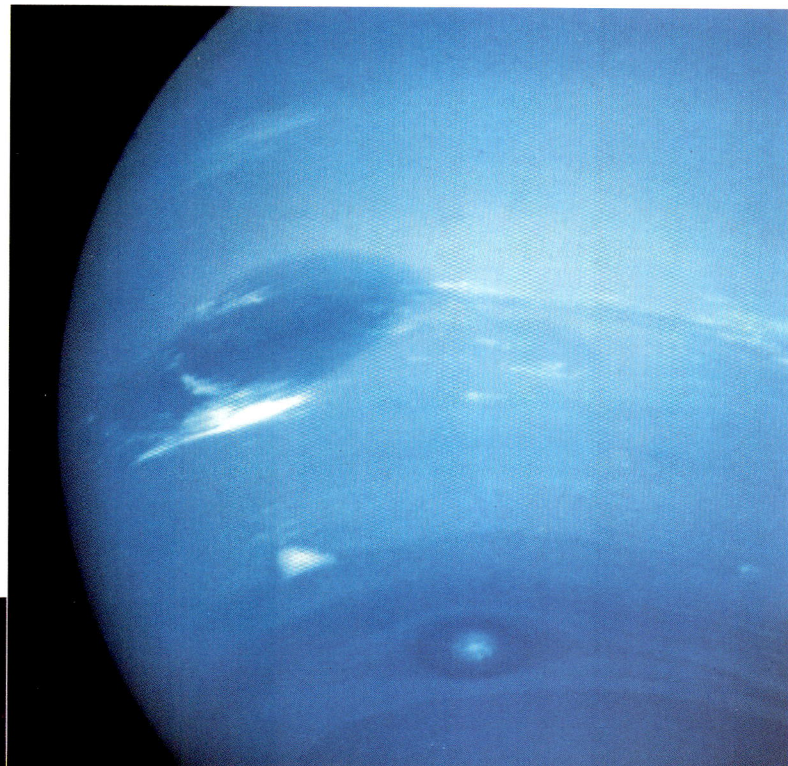

Neptune ne possède pas de système de satellites réguliers, probablement parce que la capture de son satellite le plus grand, Triton, a débarrassé l'espace circumplanétaire des corps préexistants. Les sept autres corps en orbite autour de la planète ont donc certainement été capturés par la suite. Ci-dessous, Triton a un aspect encore tourmenté, comme il ressort de la variété des terrains visibles sur la photo, traduit les bouleversements superficiels qui ont accompagné la dissipation d'énergie survenue à la suite de sa capture et l'échauffement en conséquence de sa partie interne qui a donné certainement lieu à d'amples phénomènes de volcanisme, encore visibles aujourd'hui dans certaines structures semblables à des geysers, observées à proximité du pôle Sud.
■ Mosaïque tirée de dix-huit photos en noir et blanc à haute résolution et de six en couleurs, à basse résolution, prises par Voyager 2.

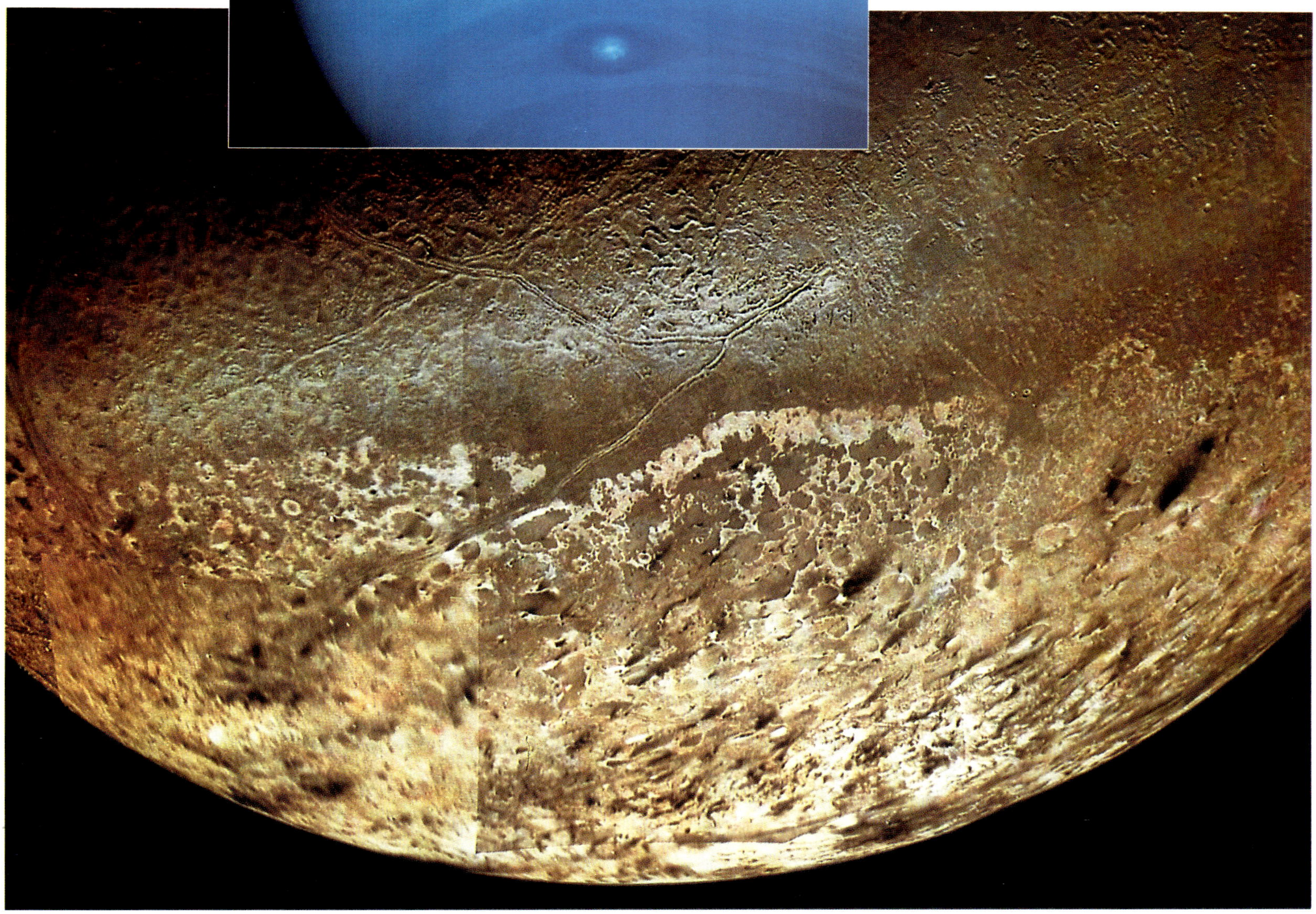

À droite, Pluton et son satellite Charon, photographiés le 21 février 1994 par le Télescope spatial. Il s'agit de l'image la plus détaillée jamais recueillie de ce système éloigné, la seule où les deux corps apparaissent distinctement comme deux disques définis. L'on remarquera la couleur plus claire de Pluton : alors que sa croûte est constituée de méthane gelé, bleu ciel, celle de Charon est probablement formée par de la glace d'eau, recouverte de dépôts carbonés de couleur sombre.

■ Photo réalisée en ultra-violet par Rudolf Albrecht (Space Telescope European Coordinating Facility) avec la camera à objets faibles de l'Agence spatiale européenne (ASE). Pluton était séparé de son satellite de 0,92" d'arc.

Page ci-contre, dessin représentant ce que l'on appelle la « ceinture de Kuiper », une région du système solaire située au-delà de Neptune et de Pluton. La présence de cette zone, dont l'astronome hollandais avait déjà eu l'intuition dans les années 1950, semble confirmée par la découverte des planètes très lointaines dont il est question p. 19 et 35. La région serait peuplée d'innombrables objets – 1000 milliards, peut-être – de dimensions comprises entre quelques kilomètres et quelques centaines de kilomètres, identifiés, pour la plupart, comme des comètes.

Images composites prises en lumière verte et ultraviolette avec la caméra à objets faibles, mettant en évidence des détails de la superficie de Pluton ; la ressemblance est marquée avec les cartes fondées sur les variations lumineuses du système Pluton-Charon, présentées ici. Ci-contre, image obtenue par Richard Binzel et Eliot Young du Massachusetts Institute of Technology, qui couronne six ans de travaux mettant à profit les éclipses et les occultations réciproques de Pluton et de Charon intervenues entre 1985 et 1990.

À droite, quatre hémisphères plutoniens (décalés chacun de 90° de longitude) reconstruits par Walter Wild de l'université de Chicago, en utilisant des données enregistrées sur une période de quarante ans, à partir de 1954.

Pluton a été découvert en 1930, après une surveillance systématique du ciel exercée pour identifier l'objet qui semblait perturber les orbites d'Uranus et de Neptune. L'on a compris plus tard que ces dérèglements n'en étaient pas. Au reste, Pluton est bien trop petit pour pouvoir provoquer des perturbations gravitationnelles de quelque importance. Après sa découverte, cette planète éloignée est presque tombée dans l'oubli. Or, ironie du sort, le 6 juillet 1978, dix mois après le départ de Voyager 2, l'on annonce la découverte du satellite de Pluton, Charon, par James Christy. Commence alors un cycle de cinq années d'éclipses et d'occultation des deux corps, qui permettent d'en préciser les dimensions et aussi, de façon approximative, les caractéristiques superficielles, révélant que l'on se trouve en présence d'un cas unique de « planète double » dans le système solaire. L'on a, en outre, découvert tout récemment que la position du système à proximité du Soleil (le périhélie a été atteint en 1989) fait fondre une partie de la croûte de méthane gelé de Pluton, créant une atmosphère assez étendue. Fort probablement, un engin sera lancé dès le début du XXIe siècle ; il lui faudra une dizaine d'années pour atteindre Pluton.

Ci-dessus, les deux premiers astéroïdes (ou comètes) transplutoniens découverts en septembre 1992 et en mars 1993 : 1992 QBI (à gauche) et 1993 FW (à droite), photographiés à l'ESO, respectivement à l'aide du NTT et du télescope danois de 1,5 m. Ils ont reçu le nom de Smiley et Karia et mesurent environ 200 km.

En 1951, Gerard P. Kuiper, énonçant sa théorie sur l'origine du système solaire, avance l'hypothèse que les comètes pourraient s'être formées à une distance du Soleil centrée sur quelque 2 milliards de kilomètres autour de l'orbite de Pluton. Une bonne partie de ces comètes, notamment les planétésimaux glacés cités p. 19, se seraient agrégées pour former Uranus et Neptune. Les éléments qui, se trouvant en dehors du champ d'action de ces planètes, ne participent pas à leur formation, se cantonnent dans une vaste région située juste au-delà de Neptune. Là, ils sont encore soumis à l'influence gravitationnelle des planètes externes. Les perturbations provoquées par les planètes modifient, très graduellement, leur orbite, les entraînant vers les régions internes : ces processus aboutissent à la naissance des comètes périodiques, dont la période orbitale inférieure est à 200 ans.

À droite, dessin représentant le nuage de Oort, qui comprend des milliards de comètes. Là, l'action gravitationnelle des planètes, qui occupent une région minuscule en comparaison de l'étendue du nuage, ne se fait pas sentir (en haut, à gauche, un agrandissement du système solaire externe). En revanche, les comètes, qui se trouvent pratiquement à mi-chemin entre le Soleil et les étoiles les plus proches, subissent l'influence gravitationnelle de celles-ci. En effet, le passage à peu de distance de l'une des étoiles les plus proches (encadré à gauche) peut arracher une comète à l'attraction solaire ou entraîner sa « chute » sur notre étoile (encadré à droite). Dans ce cas, la comète entreprend un voyage long de millions d'années vers le Soleil. Si elle passe assez près de notre étoile, la chaleur solaire sublimera les glaces qui composent son noyau, augmentant de façon démesurée les dimensions de ce corps, insignifiant à l'échelle astronomique.

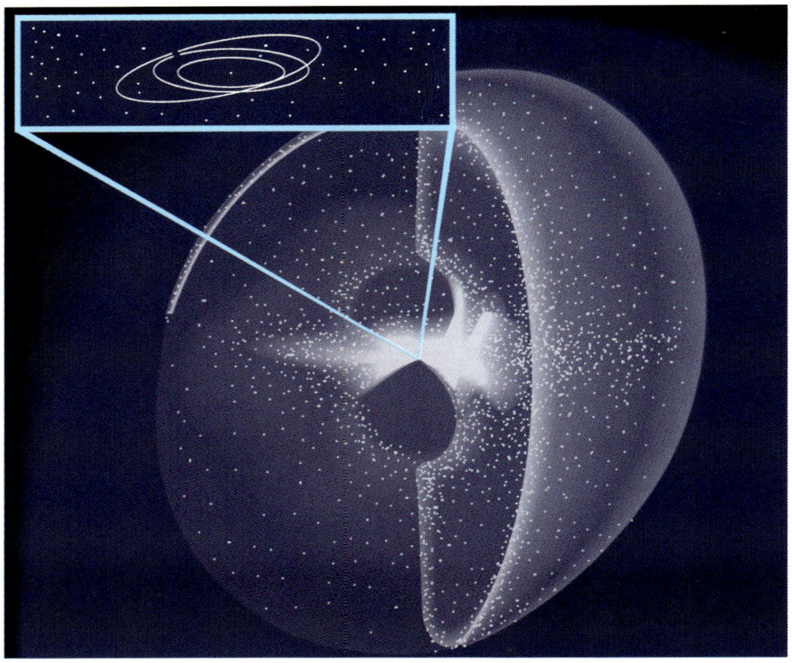

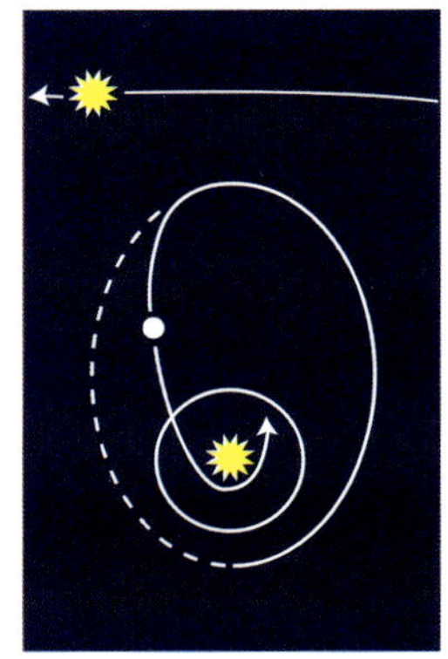

À gauche, le noyau de la comète de Halley, la seule que l'on ait observée de près jusqu'à présent, photographiée en mars 1986 par la sonde Giotto de l'ESA, qui l'« effleura », passant à 600 km de distance. Le noyau, dont les dimensions atteignent 16 x 8 x 8 km, a l'aspect d'une grosse patate, très irrégulière et criblée de trous. Sur la figure de gauche, l'on distingue très nettement les zones où l'action du Soleil entraîne une violente sublimation des glaces qui recouvrent le noyau et produit des sortes de fontaines jaillissantes formant autour de la comète une chevelure de gaz et de poussières libérées par la matrice glacée. La densité de la comète est extrêmement basse, près de 0,2 g par cm^3, soit cinq fois moins élevée que celle de l'eau. Elle est composée de glaces d'eau, d'anhydride carbonique, de méthane et d'ammoniac ainsi que de poussières silicatées et de composés organiques. Ces derniers, qui sont à base de carbone, recouvrent d'une croûte la plus grande partie du noyau, faisant de la comète de Halley le corps le plus sombre du système solaire. Les données transmises par la sonde Giotto confirment le modèle proposé en 1950 par l'astronome américain Fred Whippie et complété en 1986 par celui de Paul R. Weissman du Jet Propulsion Laboratory. Selon le premier, une comète est une sorte de « boule de neige sale », ou, en d'autres termes, un conglomérat très peu compact de glaces mêlées aux poussières originelles datant de la formation du système solaire. Pour le second, la comète est un « amas de détritus primordiaux » et son noyau est composé d'un ensemble de petits fragments faiblement soudés entre eux par des glaces.
■ Composition de six images réalisée par la Halley Multicolor Camera de la sonde Giotto.

Après la formation d'Uranus et de Neptune, les planétésimaux demeurés en circulation, ayant des orbites plus ou moins circulaires, se répartissent à l'intérieur de la ceinture de Kuiper. Progressivement, perturbées par les embryons en formation d'Uranus et de Neptune, l'excentricité et les dimensions de leur orbite augmentent. Commencent des dérèglements provoqués par la matière – étoiles, gaz et poussières – concentrée le long du plan de notre Galaxie. Ces perturbations éloignent encore les comètes, jusqu'à une distance moyenne de 1 500 milliards de km du Soleil, dans la région interne du nuage de Oort, un gigantesque réservoir de milliards de comètes, dont l'existence a été soupçonnée pour la première fois en 1950 par l'astronome néerlandais Jan Oort. Les bouleversements continuels de la matière galactique rejettent un grand nombre de comètes à des distances de 7 000 à 20 000 milliards de km du Soleil, c'est-à-dire dans la partie externe du nuage, qui, selon les plus récentes estimations, aurait la forme d'un énorme sphéroïde de 30 000 x 24 000 milliards de km, ou de 3,2 x 2,5 al, centré sur notre étoile (ci-dessus). La partie externe du nuage de Oort comprendrait de 100 milliards à 1 000 milliards de comètes, la partie interne, de 500 milliards à 1 000 milliards.

À gauche, le bolide extraordinairement lumineux apparu dans la nuit du 11 au 12 août 1993, au cours de la pluie des Perséides, les fameuses étoiles filantes baptisées aussi « larmes de saint Laurent ». Ce météore a atteint une luminosité comparable à celle de la pleine lune. ■ Photo prise par Severino Lodi, à Soliera (Modène), avec un objectif de 24 mm f/2,8.

Quand une comète se rapproche suffisamment du Soleil, l'action du vent solaire (un flux de particules chargées [voir p. 19]) et de la pression de la lumière du Soleil a pour effet de rejeter au loin les gaz dégagés par la sublimation des glaces et les poussières de sa chevelure, formant ainsi une splendide queue, ou, plus précisément, deux queues distinctes – celle charriant les poussières est en général la plus remarquable – dont la longueur peut atteindre des dizaines, voire des centaines de millions de kilomètres ! L'image de droite montre la double queue de la comète de Halley lors de son dernier passage. ■ Photo d'Akira Fujii, prise en Australie-Occidentale, le 13 mars 1986, à l'aide d'une caméra Schmidt de 20 cm f/1,5, sur pellicule Fujichrome 400D avec un temps d'exposition de 5 min.

Les poussières perdues par les comètes périodiques, au cours de leurs innombrables passages à proximité du Soleil, se répartissent le long de leur orbite. Quand la Terre, au cours de son périple annuel, croise l'orbite d'une comète, elle attire ces poussières qui, à une altitude de 80 à 120 km, deviennent incandescentes sous l'effet du frottement avec les couches de l'atmosphère. Le grain de poussière, dont les dimensions varient de celles d'un gros grain de sable à celles d'un galet, s'évapore, mais les gaz dégagés par la vaporisation ionisent les gaz atmosphériques, produisant un sillage luminescent ou, en d'autres termes, une étoile filante ou un météore. La Terre croise tous les jours des poussières qui se meuent en météores sporadiques, mais la traversée périodique de régions plus denses en débris donne lieu à de véritables déluges d'objets.

Les étoiles

Aujourd'hui, c'est pour nous un fait acquis que le Soleil est une étoile et que les myriades d'étoiles que nous voyons dans le ciel sont des soleils, mais il n'en a pas toujours été ainsi.

Dans l'Antiquité, on croyait que les étoiles étaient des trous pratiqués dans une sphère, à travers lesquels on pouvait entrevoir le grand brasier central qui brûlait à l'extérieur. Une conception que nous jugeons naïve, aujourd'hui, mais qui nous apparaît, outre suggestive, indéniablement ingénieuse. Les Grecs et les Romains désignaient par le nom d'étoile tout ce qui était visible dans le ciel, faisant une distinction entre les étoiles errantes ou planètes (*planetes* signifie « vagabonds » en grec) et les étoiles fixes, dont la position des unes par rapport aux autres restait immuable. Il y avait aussi les étoiles à chevelure (*coma* en latin) ou comètes et les *novae* qui apparaissaient à l'improviste. Pour ces deux dernières catégories, les astronomes chinois utilisaient des termes encore plus pittoresques : les novae étaient appelées « étoiles hôtes » et les comètes « étoiles balais ».

L'hypothèse de l'identité du Soleil et des étoiles, avancée sur le plan philosophique dès l'Antiquité et reprise, au Moyen Âge, par Nicola Cusano, et à la Renaissance, par Giordano Bruno, trouve plus rapidement crédit, bien entendu, après l'acceptation du système héliocentrique copernicien : le Soleil devient le pivot du système solaire, le centre des mouvements, la lampe qui illumine le monde. Et l'idée commence inévitablement à faire son chemin que chaque étoile pourrait fort bien être un soleil que seule une trop grande distance empêcherait de percevoir comme un disque.

Pendant longtemps, les savants se sont demandé comment le Soleil faisait pour produire toute l'énergie que nous observons. Et le problème est resté entier quand le grand astronome italien Gian Domenico Cassini est parvenu, en 1672, à en calculer la distance et que l'on a pu se représenter son énorme volume évalué à plus de 1 million de fois celui de la Terre. Car il était clair que, si le Soleil était constitué par un combustible ordinaire comme le charbon, il se serait consumé en l'espace de quelques milliers d'années. Les connaissances géologiques rudimentaires de l'époque ne permettaient guère, il est vrai, d'attribuer un plus grand âge à la Terre, mais quand, au siècle dernier, on acquiert la certitude que notre planète a au moins quelques centaines de millions d'années, aucune hypothèse n'est plus en mesure d'expliquer le phénomène. Pas même celle de physiciens comme lord Kelvin et Hermann von Helmoltz, qui avancent l'idée que l'énergie solaire pourrait provenir d'une lente contraction gravitationnelle, car un tel processus n'aurait certes pas pu alimenter la fournaise solaire pour plus de quinze millions d'années, selon les calculs mêmes de von Helmoltz.

Il faut attendre jusqu'en 1927 pour commencer à entrevoir la vérité. R. d'Escourt Atkinsons et F. G. Houtermans émettent alors l'hypothèse que l'énergie du Soleil et

Ci-dessous, schéma de la chaîne proton-proton produisant l'énergie qui alimente la fournaise nucléaire du Soleil et de la plupart des étoiles, pour la quasi-totalité de leur cycle de vie. Les petites sphères bleu ciel représentent les protons ; les brunes, les neutrons.

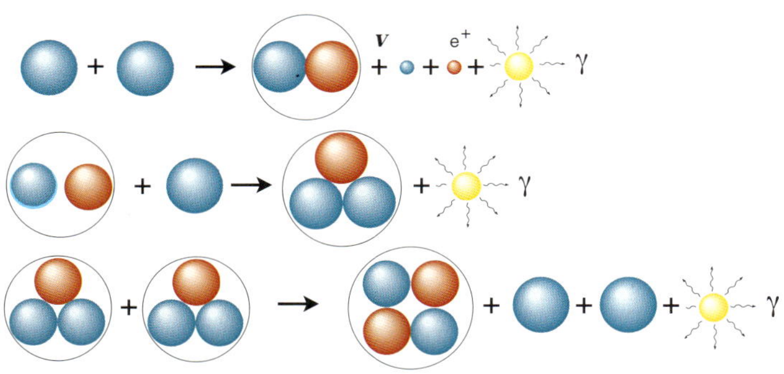

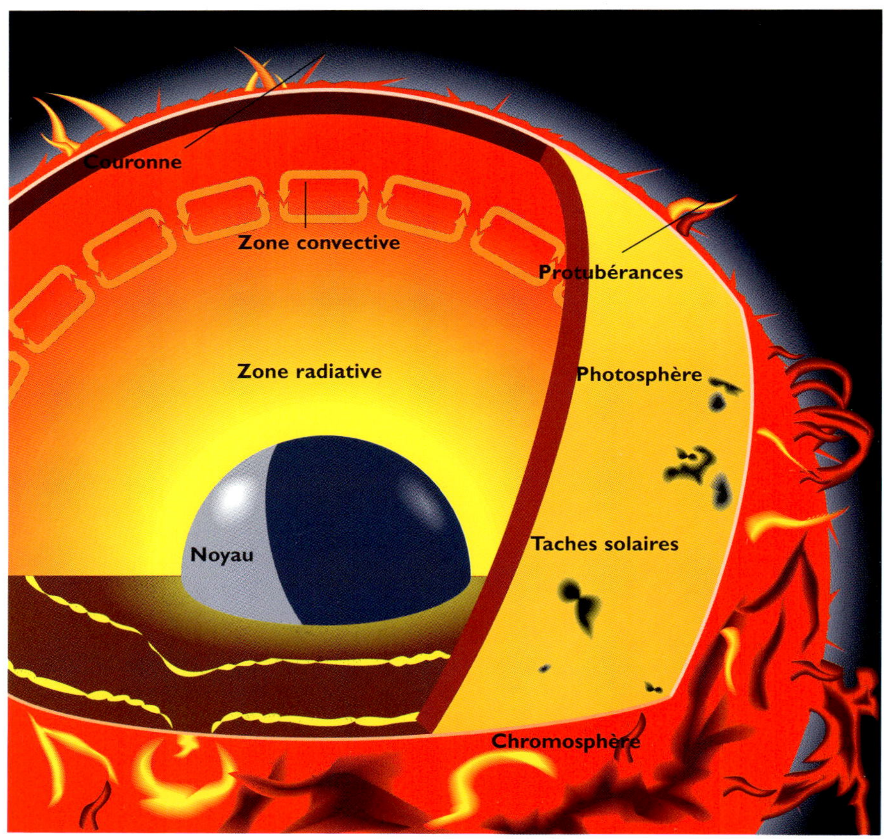

À droite, coupe schématique du Soleil. De l'intérieur vers l'extérieur : le cœur, la zone radiative, la zone convective, la photosphère, la chromosphère et la couronne.

des étoiles pourrait être produite par des réactions de fusion nucléaire d'atomes légers. Peu de temps après, Carl Friedrich von Weizsäcker avance l'idée qu'il pourrait s'agir de noyaux d'hydrogène et, en 1938, Hans Bethe et C. L. Critchfield élaborent la théorie complète de ce que l'on appelle la chaîne *p-p* (où *p* désigne le proton, une particule élémentaire dotée d'une charge positive, constituant unique du noyau d'hydrogène, qui ne contient pas de neutrons). Cette chaîne fonctionne suivant le mécanisme suivant : deux noyaux d'hydrogène s'unissent pour former un noyau de deutérium (isotope lourd de l'hydrogène, formé par un proton et un neutron) ; le noyau de deutérium se combine avec un autre noyau d'hydrogène et forme un noyau d'hélium 3 (isotope léger de l'hélium, constitué par un neutron et deux protons); enfin deux noyaux d'hélium 3 s'unissent pour constituer un noyau d'hélium ordinaire (hélium 4, formé de deux neutrons et deux protons).

De cette chaîne *p-p* naissent, outre des neutrinos (particules élémentaires électriquement neutres et à masse à peu près nulle, indiquées par la lettre υ dans le schéma de la p. 38, en bas, à gauche) et des positrons (électrons à charge électrique positive, indiqués par la lettre e^+), des rayons gamma, les radiations à plus haut contenu d'énergie. Ces réactions une fois obtenues, il reste encore deux noyaux d'hydrogène, disponibles pour d'autres combinaisons.

Ces réactions peuvent se produire à une température de 6 millions de degrés. Des températures de cet ordre sont atteintes dans le cœur du Soleil qui, selon les théories les plus à jour, se trouve à 14 millions de degrés. Partant du cœur, les rayons gamma commencent un long périple vers l'extérieur. Entrant en collision et interagissant avec des millions de particules rencontrées en cours de route, ils s'affaiblissent et se transforment petit à petit en rayons X et ultraviolets, en lumière visible et infrarouge. La plus grande partie de l'énergie observable libérée par la surface du Soleil se trouve en lumière visible. Le cœur du Soleil est entouré d'une zone où le transport d'énergie se produit à travers des processus radiatifs ; en d'autres termes : chaque particule de matière absorbe la lumière et la réémet à une longueur d'onde plus élevée (voir fig. de droite p. 38). Plus à l'extérieur encore, on trouve une zone convective où l'énergie est transportée au moyen de mouvements de convection, semblables à ceux qui font bouillir l'eau dans une casserole. À la limite entre les zones radiative et convective, la température atteint 1,5 million de degrés.

Après un voyage qui dure des millions d'années, l'énergie émerge enfin de la photosphère, la surface visible du Soleil, qui se trouve à une température de 6 000 °C. Celle-ci est caractérisée par la présence de violents mouvements de convection ainsi que d'intenses champs magnétiques et d'une rotation différentielle globale : des régions du Soleil situées à des latitudes différentes tournent à des vitesses différentes.

L'interaction entre ces trois facteurs produit des structures telles que les facules (régions plus brillantes où affleure le champ magnétique, qui favorise la convection et donc l'échauffement) et les taches (zones où le champ magnétique est si intense qu'il bloque les mouvements de convection, et qui, étant plus froides, apparaissent plus sombres).

Au-dessus de la photosphère, l'atmosphère solaire est divisée en une partie inférieure, ou chromosphère (beaucoup plus dense mais aussi beaucoup plus mince), et en une partie supérieure, ou couronne (plus raréfiée mais d'une extension de cinq rayons solaires).

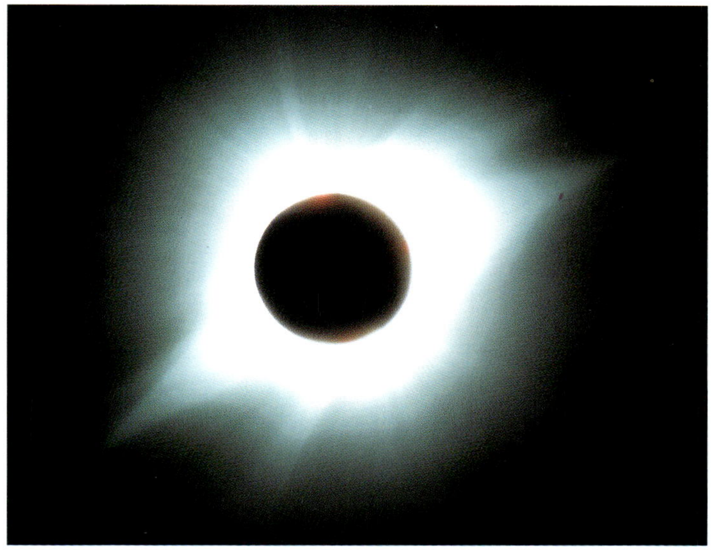

Ci-dessus, la couronne solaire, photographiée par Fred Espenak du Goddard Space Flight Center de la NASA, au cours de l'éclipse du 11 juillet 1991 au Mexique. Elle n'est visible à l'œil nu que durant les éclipses totales. Quand le Soleil se trouve au plus fort de son activité, comme c'était le cas ici, la couronne apparaît dans son extension maximale.

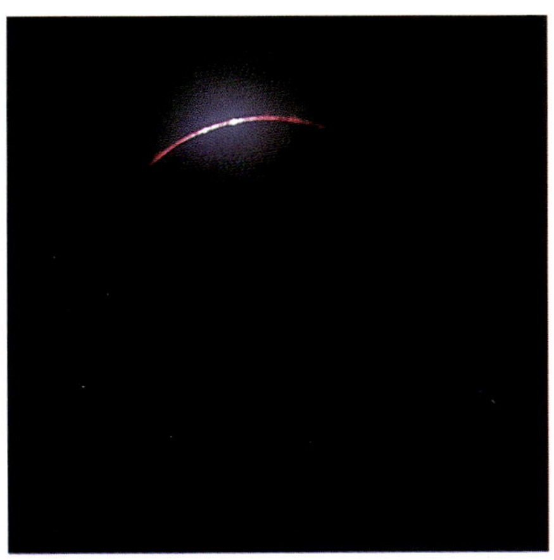

À droite, la chromosphère solaire pendant l'éclipse totale du 3 novembre 1994, dans la pampa de La Joya, au sud d'Arequipa, au Pérou. À l'extrême droite, quelques protubérances, dont la plus importante a atteint une hauteur de 130 000 km, pendant l'éclipse du 11 juillet 1991, à San Blas, au Mexique. ■ Ces photographies ont été prises par Gabriele Vanin sur pellicule Fujichrome 100 et Ektachrome 64 Professional, avec un objectif Maksutov de 100 mm de diamètre f/10 et un temps d'exposition de 1/4 de seconde.

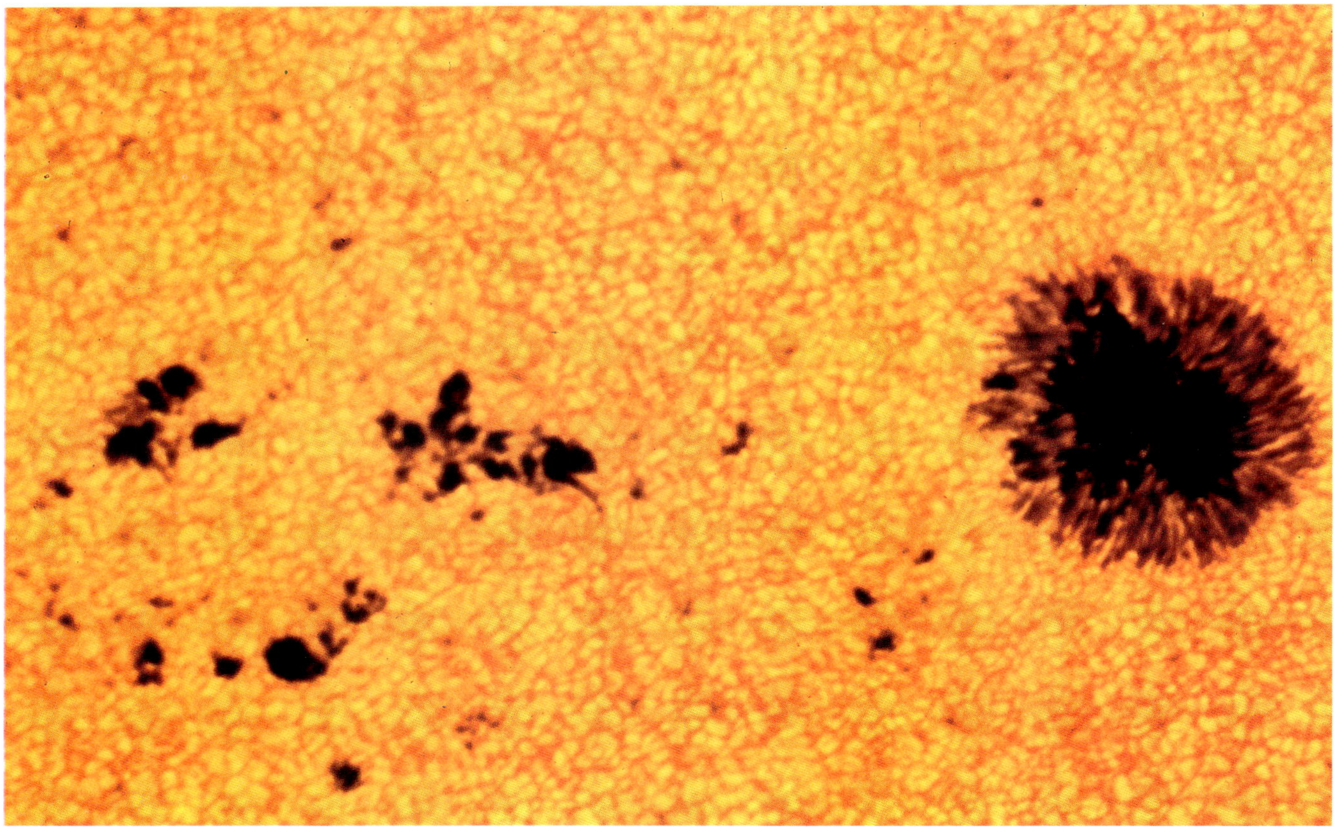

À gauche, un groupe de taches solaires photographiées le 23 juin 1989. La zone centrale des taches, appelée « ombre », a une température de près de 3 600 °C ; celle du pourtour, appelée « pénombre », une température de 4 500 °C. Dans la pénombre, l'on distingue des structures radiales ou « fibrilles ». La granulation, due aux mouvements de convection qui affectent la photosphère, est elle aussi nettement visible. Chaque granule est une cellule de convection de gaz de près de 750 km, qui ne dure pas plus de 5 à 10 min. Les taches solaires apparaissent là où les lignes de force les plus intenses du champ magnétique surgissent à la surface; elles tendent à se former par groupes de deux et se retrouvent souvent en grandes formations, comme celle de cette image, qui évoluent en l'espace de quelques semaines. ■ Image prise en lumière visible à l'aide du McMath Telescope, le plus grand télescope solaire du monde (avec un miroir de 1,5 m de diamètre et une distance focale de 150 m) de l'Observatoire national de Kitt Peak.

À droite, cette photo du Soleil aux rayons X montre la couronne sur le disque entier, celle-ci étant la seule de toutes les composantes externes du Soleil à émettre des rayons sur cette longueur d'onde. L'on distingue nettement de grandes taches brillantes claires qui signalent les zones où le champ magnétique est le plus concentré, et des zones sombres, appelées « trous coronaux », qui sont des structures semi-permanentes, caractérisées par l'absence totale d'émission de rayons X.

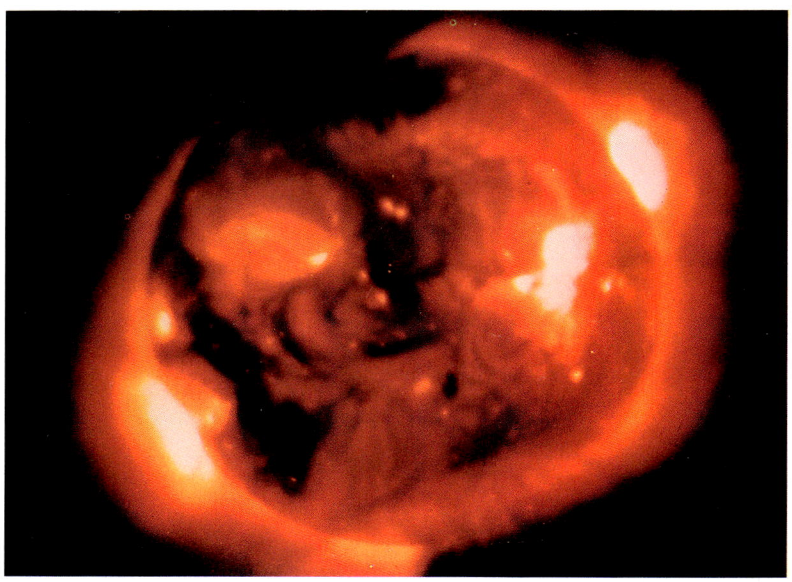

Présentes d'ordinaire dans les régions polaires, ces structures s'étendent, pendant les périodes d'activité solaire minimale (les cycles d'activité du Soleil ont une durée d'environ onze ans), jusqu'à des latitudes équatoriales et peuvent occuper un pourcentage considérable du disque solaire. ■ Cette image a été obtenue, en 1973, à l'aide d'un des télescopes à rayons X installés à bord du laboratoire spatial de la NASA, Skylab.

Au moins 150 observations de taches solaires faites à l'œil nu ont été répertoriées avant l'invention du télescope. Effectuées pour la plupart en Extrême-Orient, souvent incertaines, elles pourraient se référer à de simples phénomènes atmosphériques, comme par exemple, une observation du philosophe péripatéticien Théophraste, datant de 350 av. J.-C., ou un relevé chinois de 165 av. J.-C. La première transcription digne de foi, effectuée en Chine, semble remonter à l'an 43 av. J.-C. En Occident, les taches solaires ont rarement été observées, probablement par respect des conceptions aristotéliciennes sur l'incorruptibilité du ciel. La première indication sûre date de l'an 807 et nous vient de France. Les observations faites en Occident jusqu'à l'avènement de Galilée ont été interprétées, en bonne orthodoxie aristotélicienne, non comme des indices de l'existence de structures réelles, présentes sur le Soleil, mais comme des phénomènes dus au passage des planètes internes Mercure et Vénus sur le disque de notre étoile. Outre Galilée, se disputent le privilège de la première découverte des taches solaires au télescope l'Allemand Cristoph Scheiner, le Néerlandais David Fabricius et l'Anglais Thomas Harriot, mais c'est à ce dernier que l'on doit les premiers dessins, datés du 8 décembre 1610, représentant le Soleil maculé.

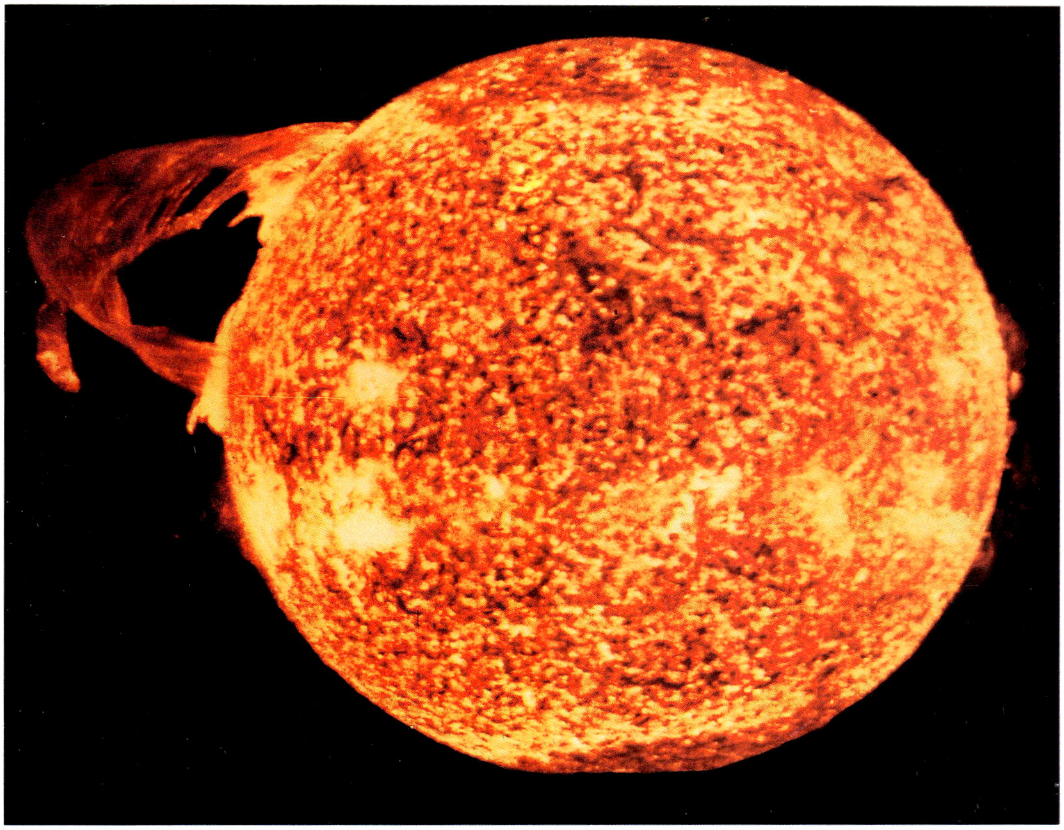

Ci-dessous, vue en lumière ultraviolette de la couronne solaire. L'image a été traitée électroniquement, en fausses couleurs, pour mieux faire apparaître les différences de densité de la matière coronale. La densité décroît de l'intérieur (en bleu) vers l'extérieur (en jaune). Occasionnellement se produisent, dans la chromosphère solaire, des « brillances », qui sont des réactions de l'atmosphère solaire accompagnées d'une rapide libération d'énergie, dues probablement à un anéantissement subit de puissants champs magnétiques. Ces libérations d'énergie chauffent le gaz et produisent un intense champ électrique qui, à son tour, accélère vigoureusement les particules chargées. Il en résulte un échauffement temporaire et localisé de la chromosphère (jusqu'à 10 000° C) et de la couronne (jusqu'à 1 000 000° C) et une accélération des particules chargées. Il s'agit des manifestations les plus imposantes de l'activité solaire, au cours desquelles peut être libéré jusqu'à un dixième de l'énergie produite par le Soleil en une seconde. Quand elles se produisent, la partie de la couronne située au-dessus des brillances est entièrement détruite et change de forme en quelques minutes.
■ Image élaborée à partir de données recueillies par le satellite de la NASA, Solar Maximum Mission, lancé en 1980.

Ci-dessus, une énorme protubérance de 420 000 km apparue le 19 décembre 1973. Les protubérances sont des zones coronales hétérogènes 100 fois plus denses et plus froides que leur milieu environnant. La présence du champ magnétique en prolonge la durée, qui peut varier de quelques heures (protubérance à évolution rapide) à plusieurs mois (protubérances quiescentes). Elles se forment par condensation de la matière coronale, de façon analogue aux nuages dans notre atmosphère. Une protubérance quiescente moyenne a une longueur de 200 000 km, une hauteur de 50 000 km et une épaisseur de 8 000 km.
■ Image prise par le spectrohéliographe pour ultraviolet du Skylab.

Le premier à mentionner la couronne solaire a peut-être été Plutarque, dans son De facie in orbae lunae *(Ier siècle apr. J.-C.) qui parle d'une « splendeur » autour du Soleil éclipsé. Mais la première observation certaine a été faite à Corfou, au cours de l'éclipse de 968. Toujours est-il qu'il a fallu attendre peu ou prou jusqu'en 1850 pour comprendre de façon définitive que la couronne et les protubérances appartenaient au Soleil et non à une hypothétique atmosphère lunaire.*

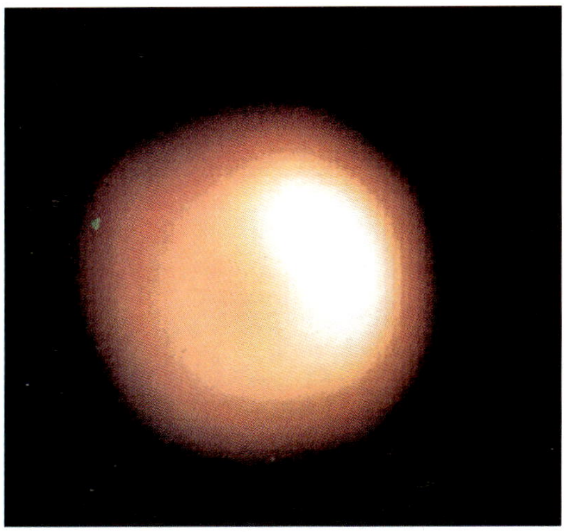

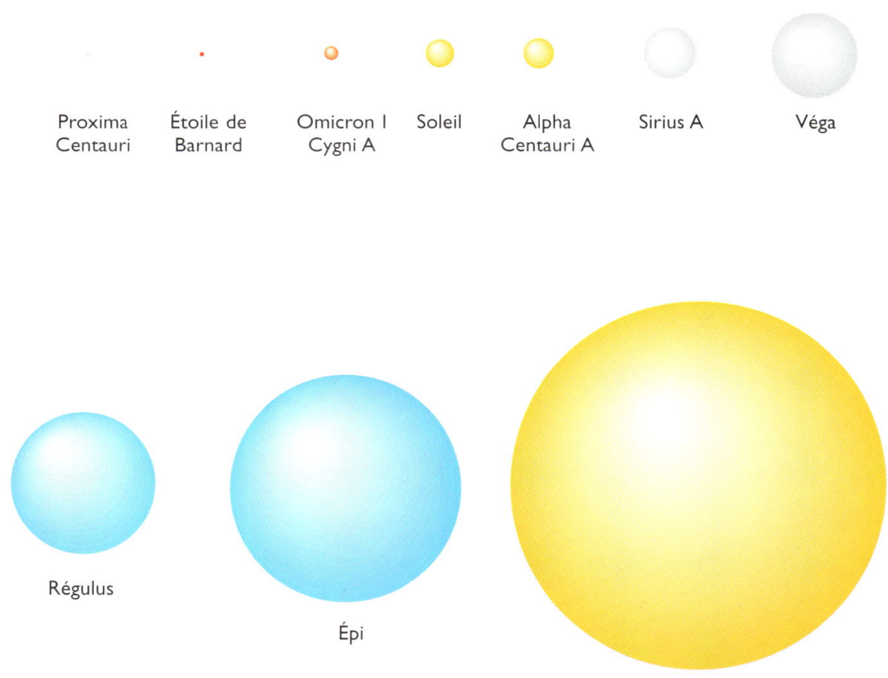

Les étoiles diffèrent par leur diamètre, leur masse, leur luminosité et leur température superficielle. Leur diamètre peut mesurer un centième de celui du Soleil ou être 1 000 fois plus grand (voir p. 48 et 49, étoiles naines blanches et supergéantes rouges). Ci-contre, en proportion, les dimensions de quelques-unes des étoiles les plus connues, en proposant une comparaison à deux échelles avec le Soleil. Le diamètre de Bételgeuse est 750 fois plus grand que celui du Soleil. C'est la seule étoile dont on ait réussi, grâce à ses énormes dimensions, à observer des détails superficiels, visibles dans l'image en fausses couleurs ci-dessus. Obtenue par David Buscher de l'université de Cambridge, à l'aide du télescope William Herschel de 4,2 m des Canaries, dans le rouge, à 710 nanomètres, cette image est un montage de plusieurs poses brèves effectuées pour « figer » la turbulence atmosphérique. La luminosité intrinsèque des étoiles varie plus que leur dimension (de quelques millioniémes de la luminosité du Soleil à des millions de fois plus élevée). La masse des étoiles varie, en revanche,

Vers le milieu du XVIIe siècle, l'Italien Francesco Maria Grimaldi se livre à diverses expériences, faisant passer la lumière solaire à travers un prisme et remarquant la formation d'une séquence de couleurs, du rouge au violet, appelée, depuis, spectre. En 1802, William Hyde Wollaston observe que le spectre solaire est strié de raies obscures. En 1859, Gustav Robert Kirchoff démontre que la présence de ces raies est due à l'absorption de la lumière émanant de la surface solaire, par le gaz qui recouvre cette même surface. L'absorption variant suivant la nature du gaz qui la provoque, certaines raies précises, dans une position particulière, indiquent la présence d'un gaz caractéristique. Avec le temps, on a compris que l'absorption est aussi déterminée par les conditions de température propres à chaque gaz. Parallèlement aux travaux de Kirchoff, des recherches sont entreprises sur les spectres des

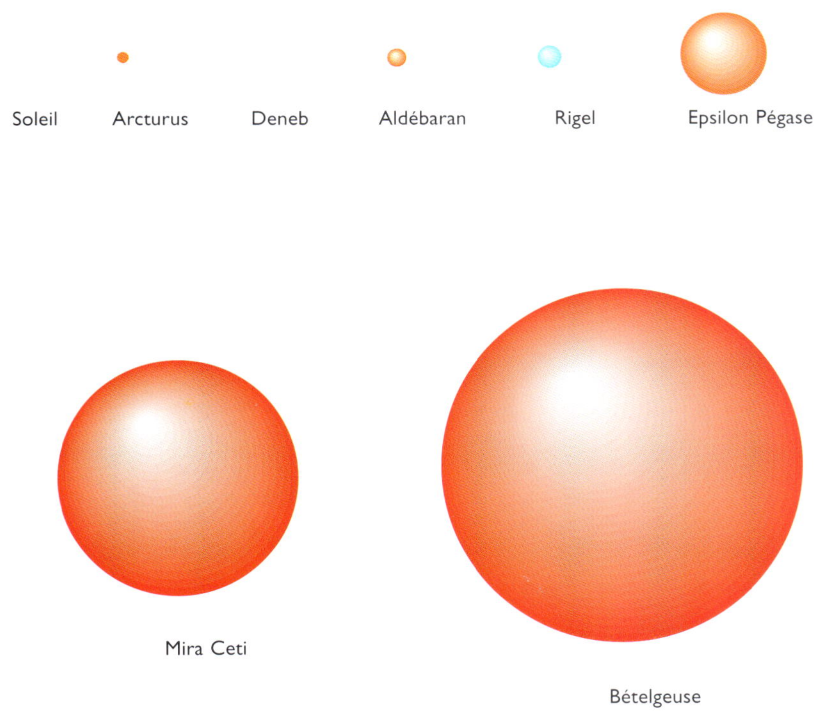

autres étoiles. Dès 1861, le Français Jules Janssen identifie des raies semblables à celles du Soleil dans le spectre de Bételgeuse. Peu de temps après, l'Italien Angelo Secchi est déjà en mesure de cataloguer les étoiles suivant quatre types de spectres : de couleur blanche, jaune, orange et rouge, et de comprendre que la couleur des étoiles, leur type spectral et leur température sont étroitement liés. Un monumental travail de catalogage portant sur 225 000 étoiles est effectué, entre 1886 et 1924, par l'observatoire de Harvard, aux États-Unis, sous la direction d'Edward Charles Pickering et d'Annie Jump Cannon. Après diverses tentatives de classification, les étoiles sont réparties en sept classes spectrales auxquelles s'ajoutent quelques classes parallèles, des diversifications de la classe M appelées R, N et S, auxquelles appartiennent, en fait, bien peu d'entre elles.

beaucoup moins : d'un minimum de 5 centièmes de la masse solaire à un maximum de 100 fois celle-ci. Enfin leur température superficielle est comprise entre 3 000 et 60 000 °C et varie avec leur couleur – du bleu ciel pour les étoiles les plus chaudes au rouge pour les plus froides – qui correspond à son tour à une classe d'étoiles ou « type spectral » précis ; l'on distingue sept types majeurs d'étoiles, désignés par les lettres, O, B, A, F, G, K, M, subdivisés, chacun, en dix sous-types, (voir ces deux pages).

Page ci-contre (en haut, de gauche à droite), Mintaka (type 09, température de 30 000 °C) ; Rigel (B8, 12 000 °C) ; Deneb (A2, 9 700 °C).
Sur cette page, Procyon (F5, 6 400 °C), Capella (G5, 5 500 °C) ; Aldébaran (K5, 3 400 °C) ; Bételgeuse M2, 3 100 °C).

■ Toutes ces photos ont été prises par Gabriele Vanin, à l'aide du télescope Newton de 200 m de diamètre f/5, de l'Osservatorio dell'Associazione Astronomica Feltrina Rheticus (0AA-FR) ; temps de pose : 6 min : pellicule Scotchchrome 3200.

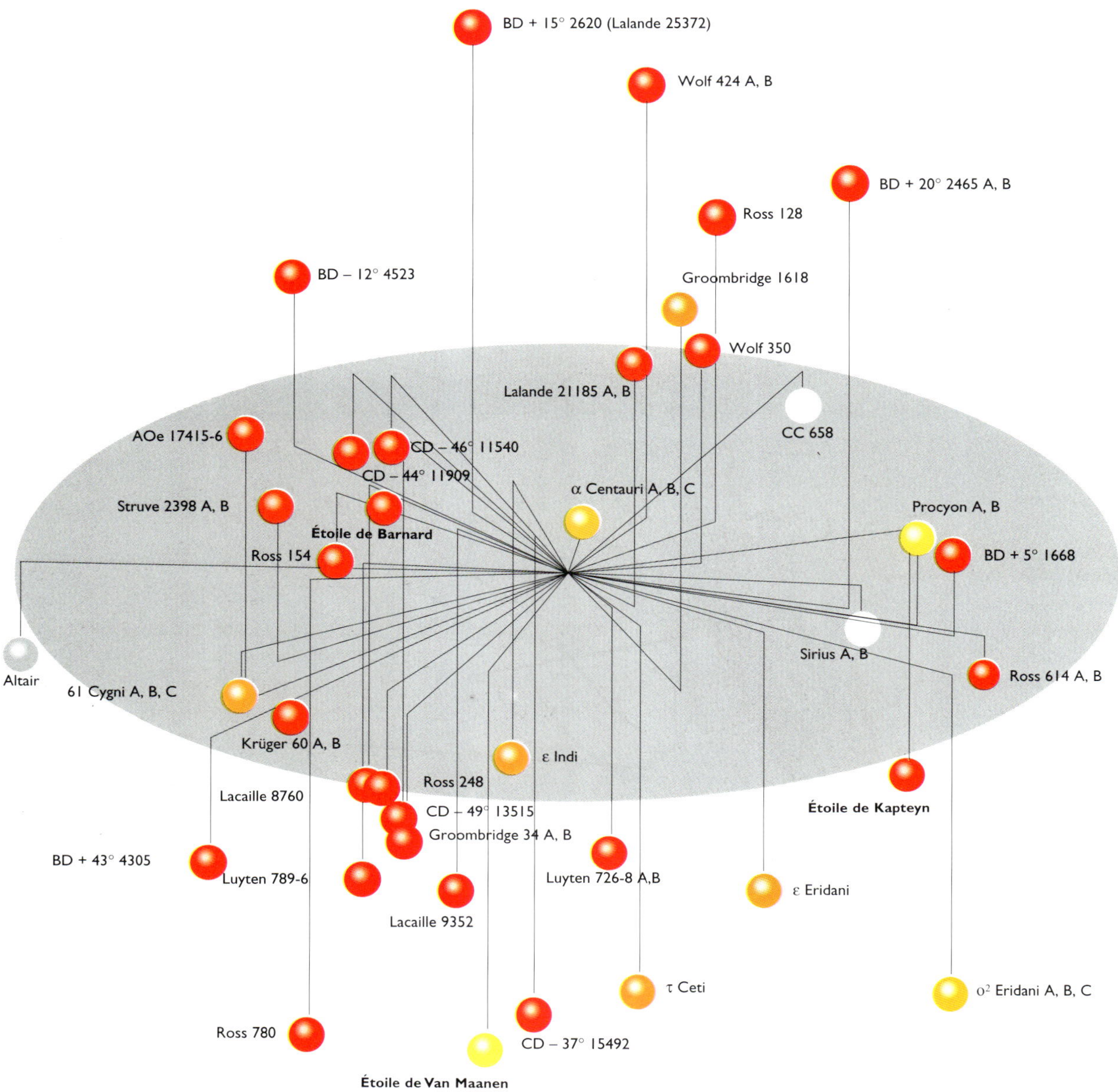

À gauche, représentation dans l'espace des quarante étoiles les plus proches du système solaire. Leur couleur correspond à leur type spectral. La présence des lettres A, B ou A, B, C indique que les étoiles sont doubles ou triples. Leur distance a été mesurée par la méthode trigonométrique directe, en prenant pour base le diamètre de l'orbite terrestre. L'on mesure ainsi la parallaxe, c'est-à-dire le léger déplacement elliptique par rapport aux étoiles très lointaines, qui constitue la projection dans le ciel de l'orbite terrestre. La première étoile dont on ait ainsi mesuré la distance est Omicron I Cygni : Friedrich Bessel a trouvé, en 1838, une valeur équivalant à 650 000 fois la distance de la Terre au Soleil (appelée unité astronomique ou UA, 149,6 millions de km). Les étoiles les plus proches qui ressemblent le plus à notre Soleil sont Alpha Centauri A, Epsilon Eridani et Tau Ceti, situées respectivement à 4,4, 10,8 et 11,8 al. Ce sont là les lieux les plus proches où des formes de vie peuvent être recherchées.

À droite, l'étoile Sirius est la plus lumineuse du ciel et la plus proche de nous. 8,8 al nous en séparent. Dans l'absolu, c'est la septième étoile la plus proche de la Terre.
■ Photographie réalisée par Gabriele Vanin, à l'aide du télescope Newton de 200 mm f/5 de l'OAAFR ; temps de pose : 5 min sur pellicule Scotchchrome 3200.

À l'extrême droite, Alpha Centauri, la plus proche du Soleil, située à 4,4 al, est en réalité un système triple. Sur cette image, prise aux rayons X par le satellite Einstein, seules les deux composantes principales sont visibles : A (presque identique au Soleil) et B (un peu plus petite et plus froide). La troisième, C, appelée Proxima car un peu plus proche, se trouve à 4,3 al.

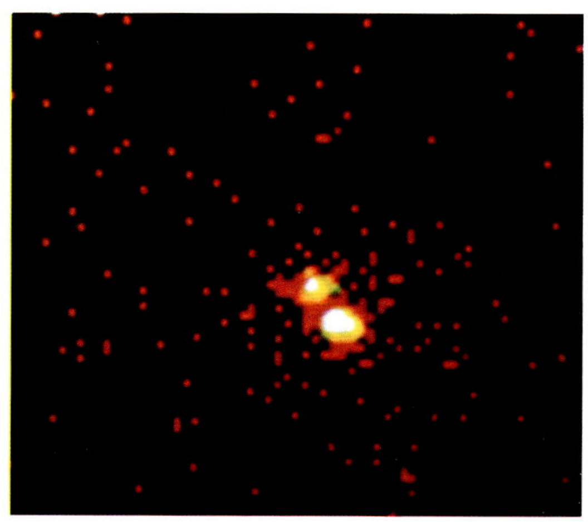

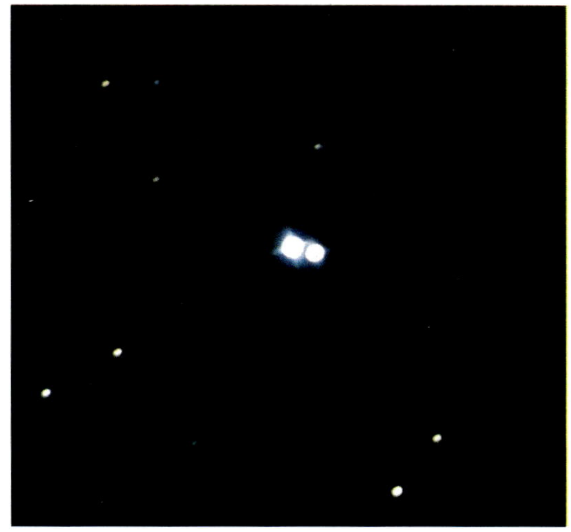

En général, les étoiles ne naissent pas isolément mais en groupe ou en amas. Dans un deuxième temps, toutefois, sous l'effet réciproque de leurs mouvements propres, elles tendent à se séparer, et les groupes à se désagréger. Cependant, les étoiles qui se sont formées à courte distance les unes des autres demeurent liées par gravitation et constituent des systèmes multiples (binaires, ternaires, quaternaires, etc.). Selon toute probabilité, la moitié des étoiles de notre Galaxie font partie d'un système multiple. Sur les photos de cette page, l'on peut voir quatre systèmes doubles et un triple (Omicron I Cygni), présentés par ordre de séparation apparente décroissante. Les deux premiers sont agrandis 20 fois ; les deux suivants 40 fois et le dernier 200 fois. En haut, à gauche, Mizar et Alcor, dans la Grande Ourse (pose de 10 min ; f/5), au centre, Omicron I Cygni (6 min ; f/5) ; à droite, Zêta Lyrae (20 min ; f/10, avec duplicateur de focale) ; en bas, à gauche, Albireo, dans le Cygne (15 min ; f/10, avec duplicateur) ; à droite Gamma Andromedae (10 s avec projection oculaire de 9 mm). Ces systèmes sont, en réalité, respectivement sextuple, quadruple, quintuple, triple et quadruple, mais les étoiles manquantes sont trop faibles ou trop proches des autres pour pouvoir être vues. La distance réelle séparant les deux astres principaux de chacun de ces systèmes est respectivement de 15 000, 24 000, 2 700, 4 200 et 1 000 UA.
■ Les photos ont été prises à l'aide du télescope Newton de 200 mm de l'OAAFR avec diapositives Scotchchrome 3200.

À gauche, certaines étoiles doubles sont si proches qu'on peut les définir « en contact » ; leur attraction réciproque les déforme et détermine un échange de matière entre leurs composantes, qui entraîne des modifications substantielles de leur masse, au point d'influencer notablement l'évolution future du « couple ».

Les étoiles doubles sont connues depuis l'Antiquité. Mizar et Alcor forment une paire dont on distingue assez facilement les éléments à l'œil nu. Mizar est la première étoile double que l'on ait observée au télescope : l'Italien Giovanbattista Riccioli a découvert son astre jumeau, Mizar B., qui est 50 fois plus proche de Mizar qu'Alcor, en 1650. Les étoiles doubles ne sont pas toutes liées physiquement ; leur contiguïté peut être seulement un effet de la perspective, les étoiles pouvant se trouver à des distances très différentes et alignées par un simple effet du hasard pour l'œil qui les observe. Par exemple, pour aucun des systèmes présentés sur cette page on ne peut dire avec une certitude absolue qu'il existe un lien physique entre leurs composantes principales. Le premier à émettre l'hypothèse que les étoiles doubles pouvaient être des astres liés par la gravitation a été l'Anglais John Michell, en observant, en 1767, Castor, la lumineuse étoile des Gémeaux, dont les composantes sont très proches, à près de 110 UA (1,5 fois le diamètre de l'orbite de Pluton). La démonstration n'arrive toutefois qu'en 1803, quand William Herschel publie les résultats de ses observations de certaines étoiles doubles, entreprises dès 1782, d'où il ressort avec évidence que l'un des deux astres suit un arc d'ellipse autour de l'autre.

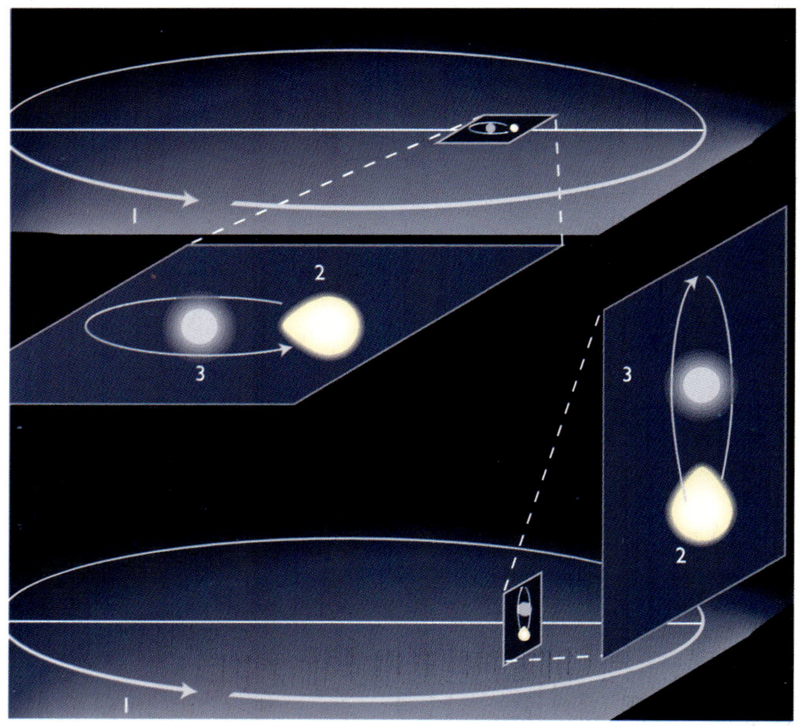

L'éclat de bien des étoiles n'est pas constant, mais varie avec plus ou moins d'amplitude. Il existe près d'une quarantaine de classes d'étoiles variables. Leur période de variation, qui peut aller de quelques heures à des dizaines d'années, dépend de leur structure même, mais aussi de causes extérieures, comme c'est le cas pour les étoiles variables à éclipse, dont le prototype est Algol, de la constellation de Persée. Ci-dessus, cette étoile, photographiée par Gabriele Vanin, au minimum de son éclat, à gauche, et au maximum, à droite. Algol est une étoile double dont les deux composantes, quasi en contact, décrivent une orbite sur un plan presque coïncidant avec le rayon visuel : chaque fois que l'étoile la moins brillante, de type spectral K2 (2 sur le schéma), passe devant la plus lumineuse, de type B8 (3 sur le schéma), soit tous les 2 jours, 20 h et 49 min, la lumière d'Algol est 3 fois moindre. Une troisième étoile, de type F1 (1 sur le schéma), beaucoup plus éloignée, a une orbite parallèle ou perpendiculaire à celle de la paire précédente (voir schéma ci-contre). ■ Ces photos ont été prises à l'aide du télescope Newton de 200 mm de l'OAAFR, avec une pose de 6 min, sur pellicule Scotchchrome 3200.

La première étoile variable que l'on ait découverte a été Mira, dans la constellation de la Baleine, observée pour la première fois par l'astronome hollandais David Fabricius, qui la prend pour une nova. En 1603, l'Allemand Johann Bayer la couche sur son atlas. Elle disparaît mystérieusement, reparaissant moins d'une année plus tard. En 1638, le Hollandais Phocydes Holwarda constate officiellement sa variabilité lumineuse, mais c'est seulement en 1662 que l'on établit la période et l'intervalle de celle-ci. C'est Johannes Hevelius, grand astronome de l'époque, qui lui donnera son nom de Mira, en latin : « merveilleuse ». La variabilité d'Algol a été découverte par l'Italien Geminiano Montanari, en 1667. L'Anglais John Goodricke en établit la période en 1782 et avance une interprétation en substance correcte de sa variabilité, l'attribuant à l'éclipse provoquée par un corps proche plus sombre. Ce n'est qu'en 1889 que cette hypothèse peut être confirmée spectroscopiquement par l'Allemand Hermann Carl Vogel qui relève les déplacements caractéristiques vers le rouge ou le bleu (correspondant à l'éloignement ou au rapprochement d'une source lumineuse) de la lumière de l'étoile primaire sous l'influence gravitationnelle de sa compagne.

À droite, Delta Cephei, prototype des céphéides, étoiles dont l'éclat varie à un rythme régulier. Le phénomène s'explique par un défaut d'équilibre entre la force de gravité (s'exerçant vers l'intérieur) et la pression de la radiation et des gaz (s'exerçant vers l'extérieur), qui garantit une certaine stabilité à la structure stellaire. Les atomes d'hélium ionisés présents dans l'atmosphère des céphéides sont ionisés une deuxième fois par le rayonnement provenant de l'intérieur de l'étoile et deviennent opaques : la lumière ne parvient plus à passer et exerce une pression notable contre l'atmosphère, provoquant une expansion de celle-ci et une augmentation de la luminosité et des dimensions de l'étoile. Mais, au cours de l'expansion, l'atmosphère se refroidit et l'hélium redevient transparent, le rayonnement s'écoule et l'étoile recouvre ses paramètres initiaux. Delta Cephei a une période de 5 jours, 8 h et 47 min. Il s'agit là d'une étoile double : sa compagne décrit une orbite autour d'elle à 12 500 UA de distance.
■ Photos de Gabriele Vanin, prises à l'aide du télescope Newton de l'OAAFR avec un temps de pose de 6 min, sur pellicule Scotchchrome 3200.

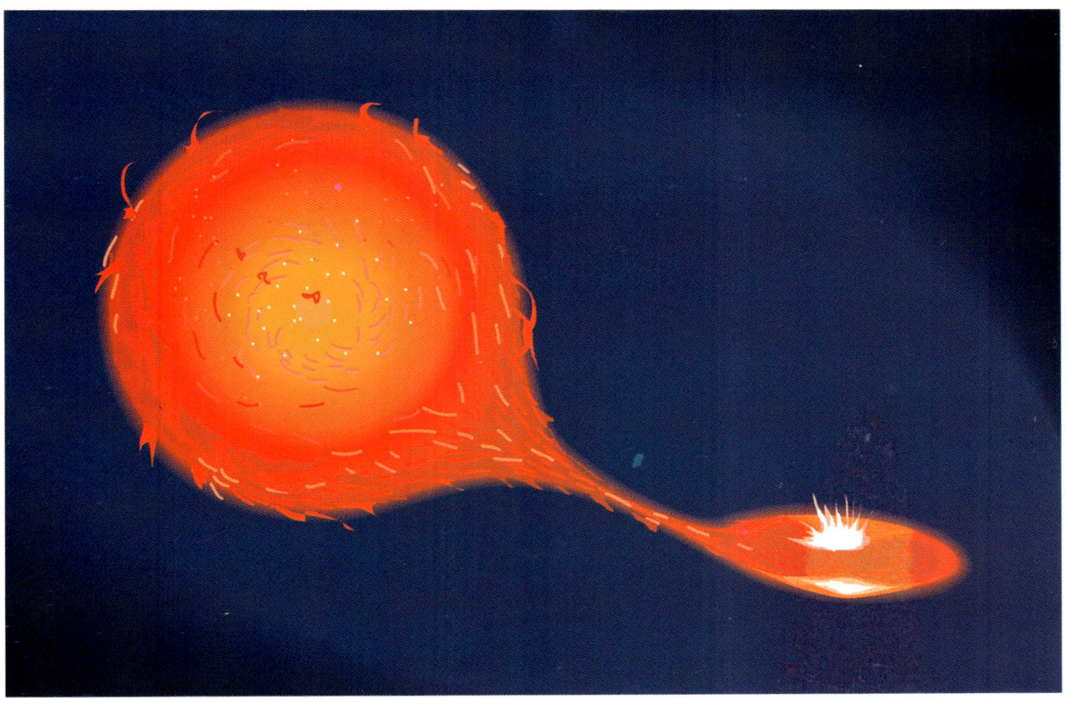

Un grand nombre de ces étoiles variables de types mutiples présentent des variations de lumière subites et très élevées. Appelées étoiles variables explosives, elles ont divers sous-types tels que les novae, les novae naines, ou les novae récurrentes. Elles apparaissent dans des systèmes en contact, dans lesquels le gaz est capturé par une naine blanche ayant une compagne froide, rouge. Le gaz forme un disque d'accrétion autour de la naine. Dans le cas des novae naines, quand un jet supplémentaire de gaz parvient de la compagne, le disque d'accrétion se trouve fouetté à une très grande vitesse : l'énergie cinétique se transforme en énergie thermique et génère une « tache chaude », extrêmement lumineuse, qui détermine une brusque augmentation de lumière. Dans les novae ordinaires, l'accroissement de luminosité, très élevé, est attribué à des réactions nucléaires explosives, provoquées par une accumulation considérable de gaz capturé, qui se produisent à la surface de la naine blanche, au-dessous du disque d'accrétion, entraînant l'expulsion des couches externes de l'étoile, qui, à leur tour, forment une enveloppe en expansion (voir p. 130).

Les céphéides sont des étoiles géantes blanches et jaunes, appartenant aux types spectraux F, G et K, qui atteignent une température superficielle proche de celle du Soleil, mais dont la masse est comprise entre 3 et 10 fois celle de notre étoile. Leur période de variation peut durer de quelques heures à 50 jours, atteignant en moyenne entre 5 et 8 jours. L'astronome américaine Henrietta Leavitt a découvert, en 1912, une relation entre la période de variation des céphéides et leur luminosité intrinsèque. Plus la période était longue, plus la luminosité était forte. Harlow Shapley calibre en 1917 cette relation en l'appliquant aux céphéides présentes dans les amas globulaires, dont il était parvenu à mesurer la distance à l'aide de méthodes statistiques. Les astronomes disposent donc, à ce stade, d'un formidable outil pour mesurer les distances astronomiques. En effet, la détermination de la période de variation des céphéides permet de connaître leur luminosité intrinsèque ; en mesurant au télescope leur luminosité apparente, l'on arrive facilement, au moyen d'une formule étudiée à cet effet, à calculer leur distance. Étant donné que les céphéides sont de 300 à 40 000 fois plus brillantes que le Soleil et sont donc visibles à de très grandes distances, l'on peut appliquer cette méthode aussi aux galaxies externes (voir p. 135).

Les nébuleuses

Le long de la Voie lactée, le disque de notre Galaxie, se trouvent concentrées des milliers et des milliers de nébuleuses, grands amas de gaz et de poussières qui brillent de la lumière des étoiles chaudes proches. On distingue trois types de nébuleuses : à émission, par réflexion ou obscures. Les premières, dont l'exemple le plus connu est M 42 dans Orion (voir photo au bas de la page) sont formées principalement d'hydrogène, qui est excité et ionisé par la lumière ultraviolette des étoiles présentes dans la région. Au moment de la recombinaison entre noyaux et électrons, le gaz émet une lumière de longueurs d'onde caractéristiques, dont la plus forte est appelée H alpha, qui donne une couleur rouge typique que l'on retrouve dans bon nombre des photographies publiées dans cet ouvrage. Mais l'œil humain est plus sensible aux radiations de l'oxygène doublement ionisé, de couleur verte, ce qui explique pourquoi, visuellement, ces nébuleuses apparaissent de couleur verdâtre au télescope. Les nébuleuses par réflexion sont essentiellement composées de poussières, qui se contentent de réfléchir la lumière des étoiles voisines.

Les nébuleuses obscures sont elles aussi constituées de poussières, mais elles ont cet aspect obscur, car elles sont à la fois très denses, compactes et très éloignées des étoiles lumineuses ; elles bloquent la lumière des étoiles situées au-delà. On désigne, de façon générale, tous ces types d'objets sous le nom de nébuleuses diffuses. Celles-ci représentent, en quelque sorte, les entrailles où se forment, par grappes, les étoiles. En effet, il y a assez de gaz dans les nébuleuses pour donner le jour à des centaines et des centaines d'étoiles. La formation des étoiles commence par la contraction des globules sombres que l'on peut voir à l'intérieur de tant de nébuleuses, appelés « globules de Bok » (voir photo de la page ci-contre, en haut, à droite), du nom de l'astronome hollandais qui, le premier, dans les années 1950, émit cette hypothèse. Les régions où la formation des étoiles est très intense, comme celle d'Orion, émettent fortement dans l'infrarouge, car la lumière des étoiles nouveau-nées, passant à travers les poussières qui entourent les régions d'astrogenèse, se trouve absorbée par celles-ci prenant une couleur rouge (voir image de la page ci-contre, en bas à droite). Si les nébuleuses diffuses représentent la naissance des étoiles, les nébuleuses planétaires et les résidus de supernovae en représentent la mort. Les nébuleuses planétaires se forment à partir d'étoiles ayant une masse comprise entre 0,8 et 8 masses solaires. Quand ces dernières ont épuisé l'hydrogène présent, leur cœur se contracte et s'échauffe tandis que, dans le même temps, leurs couches externes se dilatent. Elles finissent ainsi par se muer en étoiles géantes rouges dont le diamètre mesure des dizaines de fois celui du Soleil. Dans un deuxième temps, l'augmentation de la température de leur cœur (jusqu'à 100 millions de degrés) entraîne la fusion de l'hélium, provoquant une contraction

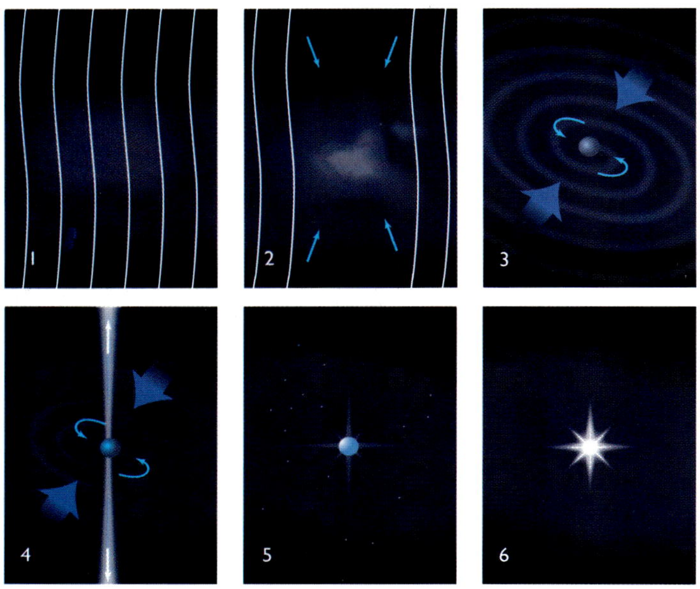

Les différentes étapes de la contraction gravitationnelle d'une masse de gaz, qui portent à la naissance d'une étoile. Dans la phase initiale, la présence de champs magnétiques (1) empêche l'effondrement de la masse gazeuse. Dans un deuxième temps, toutefois, les champs tendent à s'affaiblir, abandonnant le cœur du nuage à la merci de la force de gravité qui l'écrase, lui imprimant la forme d'une protoétoile (2). À partir de la matière gazeuse qui tombe vers l'intérieur, la protoétoile forme un disque d'accrétion autour d'elle (3). Ce processus d'expansion s'accompagne à la fin de l'expulsion de jets, émis en sens perpendiculaire au disque (4). L'étoile est alors née, et des embryons de planète peuvent se former à partir de la matière du disque (5) pour se muer ensuite en véritables planètes (6).

L'une des nébuleuses à émission les plus connues : M 42 ou la Grande Nébuleuse d'Orion, à n'en pas douter, la plus lumineuse.
■ Photo de Gabriele Vanin, obtenue à l'aide d'un télescope Schmidt-Cassegrain Meade de 254 mm d'ouverture f/10 avec un réducteur de focale/correcteur de champ Celestron à f/6,3 et un temps de pose de 10 min, sur pellicule Scotchchrome 3200.

momentanée des étoiles. Mais quand elles ont fini de brûler tout l'hélium disponible, elles gonflent à nouveau, atteignant des proportions gigantesques : leur diamètre mesure alors des centaines de fois celui du Soleil.
Une étoile géante ainsi formée commence à souffler au loin ses couches gazeuses externes, déchaînant différents types de vent stellaire, plus ou moins rapides. Ces couches forment une énorme bulle gazeuse en expansion. La température de la surface de l'étoile passe alors de 25 000 à 200 000 ° C, et ionise des régions de plus en plus étendues du gaz en expansion, qui commence à briller par fluorescence : apparaît ainsi une nébuleuse planétaire. Le gaz se dilate à une vitesse comprise entre 5 et 100 km/s. Poursuivant son expansion, la nébuleuse planétaire continue de briller jusqu'à ce que, devenue trop grande, elle finisse par se confondre avec l'espace interstellaire. Chose qui se produit près de 10 000 à 30 000 ans après son apparition. L'étoile centrale, se refroidit progressivement pour devenir ce que l'on appelle une « naine blanche », soit un astre très compact, contenant plus ou moins la même masse que le Soleil dans un volume grand comme celui de la Terre. Les masses des nébuleuses planétaires sont, elles, plutôt modestes, variant entre 0,01 et 1 masse solaire. Les étoiles les plus massives, de 8 masses solaires, continuent à se contracter et leur noyau atteint des températures plus élevées pouvant aller jusqu'à 5 milliards de degrés, donnant lieu à la combustion et à la transformation d'éléments de plus en plus lourds comme le carbone, l'oxygène, le silicium pour arriver jusqu'au fer. Le noyau du fer est le plus stable de la nature. Sa présence arrête donc la transmutation des éléments. À ce stade, le cœur de l'étoile, se contractant encore, atteint une température de 8 milliards de degrés, déclenchant un cycle de collisions très violentes entre les noyaux des différents éléments présents ; les noyaux de fer sont lourdement bombardés et réagissent en se transformant non pas en éléments plus lourds mais en noyaux d'hélium. Cette réaction entraîne une formidable absorption d'énergie, l'équilibre de l'étoile se rompt et son existence s'achève en une fracassante explosion de supernova, au cours de laquelle la moitié au moins, voire la totalité de la masse de l'étoile se trouve catapultée dans l'espace. Dans le premier cas (supernovae de type II), un trou noir ou une étoile de neutrons rappelle l'existence passée de l'étoile ; dans le second cas (supernovae de type I), il ne reste que des cendres de supernova. Les résidus brillent sous l'effet des phénomènes de fluorescence déjà rencontrés précédemment, déclenchés par l'énergie libérée au cours de l'explosion. En raison de leur masse accrue, les cendres de supernova subsistent plus longtemps avant de se dissiper. La vitesse d'expansion est de l'ordre de dizaines de milliers de kilomètres par seconde.

Globules de Bok, zones de formation d'étoiles au sein des nébuleuses, nettement visibles dans cette image d'IC 2944, nébuleuse à émission.
■ Photo en trichromie de David Malin, obtenue à partir de trois prises de vues effectuées par Malin et Steeve Lee, au moyen du télescope anglo-australien (AAT), en lumière bleue, verte et rouge avec des temps de pose de 25, 25 et 35 min.

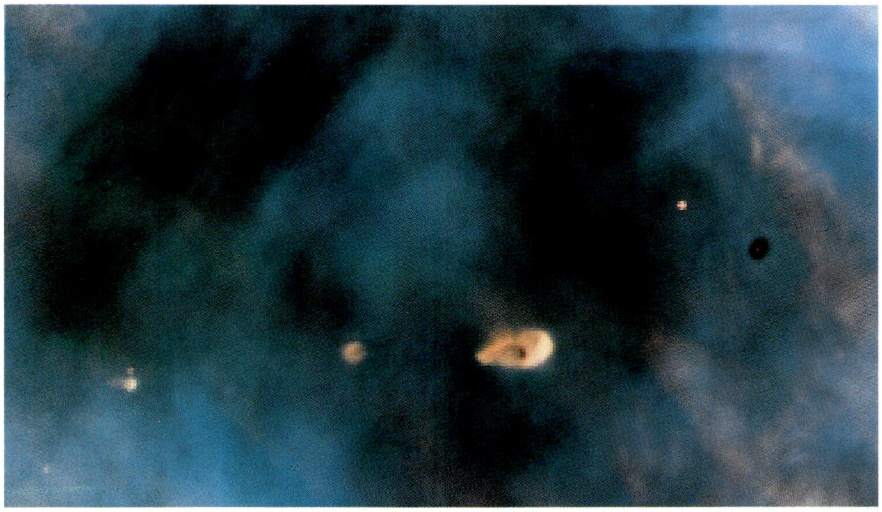

Un agrandissement au zoom du champ de la nébuleuse d'Orion cadré à la page 135, révèle à la caméra planétaire/grand champ 2 (WF/PC-2) du télescope spatial cinq étoiles en formation autour desquelles se trouvent fort probablement des disques protoplanétaires, c'est-à-dire des systèmes solaires qui viennent de naître (C.R. O'Dell/Rice University-NASA).

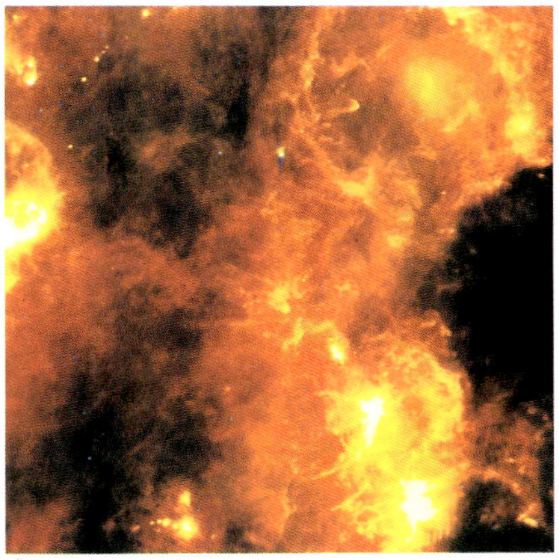

La forte émission d'infrarouges de la région située entre Orion et la Licorne, visible sur cette image de l'Infrared Astronomical Satellite (IRAS) de la NASA, est l'indice d'une considérable activité de formation d'étoiles en cours. Les deux taches brillantes visibles en bas, à gauche, sont respectivement la nébuleuse d'Orion et la nébuleuse Rosette.

À droite, la nébuleuse de la Lagune, dans le Sagittaire, doit son nom à la présence d'une bande sombre qui la traverse sur sa droite. Elle contient un grand nombre de globules de Bok et des marges lumineuses qui sont ici visibles de façon détaillée grâce à l'emploi de la technique du cache flou. Sa distance est de 2 500 al et ses dimensions de 30 x 65 al
■ Photo de David Malin, obtenue à partir d'un montage de trois clichés de Sue Tritton et John Barrow, pris en lumière bleue, verte et rouge, à l'aide de l'United Kingdom Schmidt Telescope (UKS) de 1,2 m de diamètre. Temps de pose : 40, 60 et 60 min.

À gauche, NGC 6188 dans Ara (ou l'Autel). Dans cette région, l'on peut observer des nébuleuses des trois types : à émission, de couleur rouge, par réflexion, de couleur bleue, et sombres, produites par des poussières qu'aucune étoile n'illumine.
■ David Malin a réalisé cette image à partir d'un montage de photos, prises par lui-même, à l'aide de l'ATT de 3,9 m de diamètre, en utilisant, comme pour la plupart de ses images présentées ici, des clichés IIa-O avec filtre GG 385 (lumière bleue), IIa-D avec filtre GG 495 (vert), 098-04 avec filtre RG 610 (rouge). Temps de pose : 30, 25 et 35 min.

Page ci-contre, la nébuleuse Nord America est située à 3° à l'est de l'étoile brillante Deneb, dans le Cygne. On a cru longtemps que illuminée par Deneb elle-même, elle était située à la même distance : 1 600 al
Mais récemment, on a découvert qu'elle est éclairée par une autre étoile, lumineuse, mais presque invisible du fait de l'absorption de sa lumière par des poussières interstellaires, qui la rendent 100 millions de fois plus faible. La distance de la nébuleuse est de 450 al et ses dimensions sont de 13 x 15 al.
■ Tony et Daphne Hallas, d'Oakview, en Californie, ont obtenu cette image à partir d'un montage de deux négatifs Fujicolor HG 400, avec un réfracteur EDF Astrophysics de 15 cm f/7,5 (exposition : 70 min chacun).

La nébuleuse Nord America a été découverte photographiquement par l'astronome allemand Max Wolf au début des années 1880. Il la baptise « nébuleuse America ». Son nom actuel, plus approprié, lui a été donné en 1903 par l'américain Edward Emerson Barnard. Sa luminosité semble avoir augmenté ces dernières années : alors que, jusqu'en 1950, on ne pouvait l'observer que photographiquement, il est aujourd'hui possible de l'apercevoir à l'aide de petits télescopes et de jumelles et même à l'œil nu. La nébuleuse de la Lagune est facilement visible à l'œil nu, dans les nuits limpides. Elle apparaît comme une tache brumeuse, légèrement décalée sur la droite par rapport à la bande principale de la Voie lactée. Le premier à l'apercevoir fut probablement l'astronome anglais John Flamsteed en 1680, mais on attribue sa découverte, datée de 1747, au Français Le Gentil.

Ci-dessous, nuage sombre dans le Scorpion, montré pour la première fois en couleurs réelles, sur cette image de David Malin. Ici, les matières poussiéreuses sont contenues dans une nébuleuse balayée par de puissants vents stellaires provenant d'un amas, proche, d'étoiles très chaudes, NGC 6231 (hors champ), situé au cœur d'un groupe de jeunes étoiles, appelé Association Sco OBI. Le rayonnement ultraviolet de cette étoile est responsable du halo de lumière rouge qui entoure le nuage sombre. À l'intérieur de ce globule se lovent des étoiles dont la lumière alimente certaines nébuleuses par réflexion, d'un blanc azuré. Le nuage se trouve à une distance de 6 000 al ; ses dimensions sont de 25 x 15 al.

■ Cette image a été réalisée par David Malin à partir de trois clichés exposés en lumière bleue (19 min), verte (25 min) et rouge (35 min) au premier foyer de l'ATT. La première prise de vue a été effectuée par Malin ; les deux autres par Steve Lee. Un montage a ensuite été réalisé en recourant à un procédé de grossissement photographique.

La nébuleuse Tête de Cheval est la partie la plus proéminente d'un grand nuage sombre formé de particules de poussière recouvertes de molécules d'eau et d'anhydride carbonique, situé dans IC 434. Le gaz qui compose cette dernière nébulosité est illuminé par l'étoile brillante, Sigma Orionis (hors champ), tandis que les poussières restent froides et inertes à la radiation. Ce complexe nébulaire se trouve à une distance de 1 650 al et ses dimensions sont de 30 x 10 al. L'étoile lumineuse, Alnitak, visible dans la partie gauche de l'image, est beaucoup plus proche de nous, à « seulement » 1 100 al. Au-dessous de celle-ci, on distingue la nébuleuse NGC 2024, illuminée par des étoiles invisibles, cachées à l'intérieur du nuage lui-même ; celui-ci pourrait aussi contenir des étoiles à leur premier stade de vie.

■ Tony et Daphne Hallas ont obtenu cette image à partir de deux négatifs Fujicolor 400 HG, hypersensibilisés, de format 120, exposés chacun pendant 85 min, avec un réfracteur Astro-Physics EDF de 15 cm (f/7,5). Le guidage a été réalisé automatiquement avec un CCD SBIG ST-4. Le montage des négatifs a été fait en chambre noire.

La Tête de Cheval est l'exemple le plus célèbre de nébuleuse sombre ; elle est aussi l'un des objets les plus connus en astronomie. La nébulosité rouge qui l'enveloppe, appelée IC 434, a été découverte photographiquement par l'astronome américain William Pickering en 1889, mais le nuage sombre n'a été observé qu'en 1900 sur un cliché pris par l'Anglais Isaac Roberts qui le décrit comme une baie. E.E. Barnard est le premier à l'interpréter comme une grande masse sombre projetée sur un fond gazeux brillant. Pendant longtemps, on ne parvient pas à le percevoir visuellement : une tentative de Barnard échoue en 1913 même avec le réfracteur de 1 m de Yerkes. Après d'autres essais, toujours faits aux États-Unis, Walter Scotto Houston et Leslie Peltier arrivent à l'apercevoir avec des instruments de seulement 12-15 cm. Mais, encore aujourd'hui, réussir à voir cette nébuleuse sans l'aide d'aucun filtre reste une gageure.

Page ci-contre, la nébuleuse Trifide, dans le Sagittaire, ainsi appelée car composée de trois parties. Située dans la même région que la Lagune et donc à la même distance, elle a une extension de quelque 20al. Au centre, on distingue un groupe compact d'étoiles dont une, très brillante, semble produire la plus grande partie de la lumière qui éclaire aussi bien la partie du gaz rouge, à émission, que la bleue, par réflexion.
■ Trichromie de David Malin ; cliché de Dave Jauncey pris à l'aide de l'AAT (poses de 35,30 et 30 min).

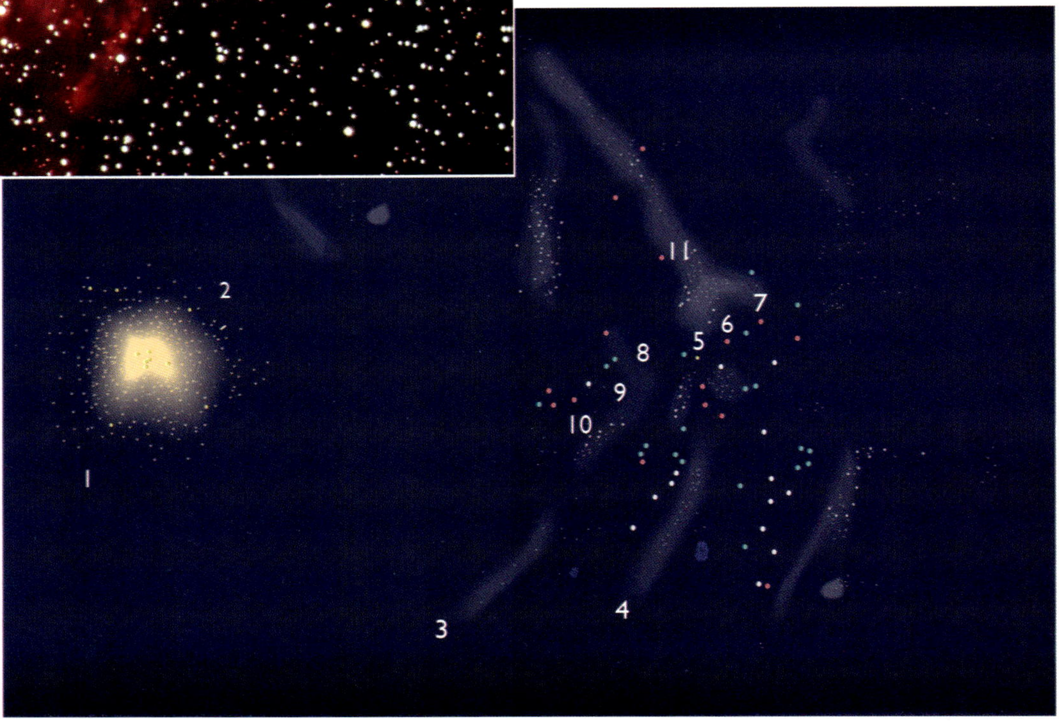

Ci-dessus, la nébuleuse Oméga, dans le Sagittaire, se trouve à une distance de 5 700 al. Ses dimensions atteignent 60 x 75 al. Sa masse totale suffirait à former huit cents étoiles grandes comme le Soleil. La source principale d'excitation de la nébuleuse est un petit groupe d'étoiles, blotti au cœur de celle-ci. Dans la partie la plus chaude, l'intensité des lignes d'émission spectrale du gaz est répartie de telle façon que l'impression visuelle qui en résulte est celle d'une couleur blanche très vive.
■ Image composée à partir de trois clichés en noir et blanc, impressionnés en lumière bleu, verte et rouge, à l'aide du télescope de 3,6 m de l'ESO à La Silla, au Chili.

À droite, dessin illustrant la répartition de bon nombre des nébuleuses citées dans ces pages, à l'intérieur de la région de la Voie lactée où se trouve également notre système solaire, à une distance de près de 30 000 al du centre de la Galaxie, entre les deux bras spiraux, dits du Sagittaire et d'Orion.

1 Noyau
2 Renflement central
3 Bras du Sagittaire
4 Bras d'Orion
5 Soleil
6 Nébuleuse d'Orion
7 Nébuleuse Rosette
8 Nébuleuse de la Lagune
9 Nébuleuse Trifide
10 Nébuleuse de l'Aigle
11 Nébuleuse d'êta Carinae

La nébuleuse Oméga a été découverte en 1764 par l'astronome suisse de Cheseaux qui écrivait alors : « Elle a un aspect totalement différent des autres ; elle a la forme parfaite d'un rayon à queue de comète [...]. Ses côtés sont exactement parallèles [...]. Son centre est plus blanc que ses bords. » Le grand William Herschel, qui a découvert Uranus et fondé l'astronomie stellaire, la définissait en 1875 comme une merveilleuse étendue nébuleuse d'aspect homogène. La nébuleuse Trifide a été probablement observée pour la première fois par Le Gentil en 1747. William Henry Smyth, célèbre astronome amateur anglais, la décrivait, vers le milieu du siècle dernier, comme « un éclat particulier entourant la délicate étoile triple placée en son centre, où celle-ci s'ouvre ». Il semble que le premier à lui donner son nom actuel, à peu près à la même époque, a été John Herschel, fils de William.

NGC 6334, autrement appelée la « Nébuleuse rouge », est située dans la constellation du Scorpion. Petite mais très complexe, elle se trouve à une distance de 5 700 al et mesure 65 x 50 al. Sa couleur rouge, due principalement à l'émission à la longueur d'onde H alpha de l'hydrogène, est accentuée par l'absorption différentielle causée par les poussières interstellaires qui s'interposent entre la nébuleuse et nous. Elle est en effet placée exactement sur l'équateur galactique, où la concentration de poussières interstellaires est la plus élevée. Ces poussières agissent comme une sorte de filtre, absorbant surtout la lumière bleue et laissant passer principalement la rouge. Bien qu'aucune étoile bleue ne soit visible dans la nébuleuse, précisément en raison de cette absorption, l'observation attentive des ondes radio a montré qu'il existe en réalité un très grand nombres d'étoiles chaudes et lumineuses, auxquelles on peut, à l'évidence, attribuer la responsabilité de l'émission primaire du nuage.

■ Photo obtenue à partir de trois clichés noir et blanc, exposés en lumière bleue, verte et rouge, à l'aide du télescope de 3,6 m de l'ESO.

Le globule cométaire CG 4 est un exemple de nuage de poussières isolé, en passe d'être détruit par les radiations de l'étoile Zêta Puppis (hors champ), qui balaye la nébuleuse de la gauche vers la droite. La « queue » du globule apparaît bleue, car il s'agit d'une nébuleuse par réflexion normale. Mais autour de sa tête, là où la lumière nous parvient filtrée par les poussières, la couleur devient verte et, çà et là, jaune et marron. Le rouge est dû à la présence de l'hydrogène libéré par la nébuleuse par suite du bombardement lumineux.
■ Photo de David Malin, réalisée à partir de plaques exposées par Despina Hatzidimitroiu au moyen de l'ATT pendant 35, 30 et 35 min.

7 000 al nous séparent de la nébuleuse de l'Aigle, dans le Serpent, dont les dimensions atteignent 70 x 55 al. Son extraordinaire lumière rouge est produite par un amas d'étoiles chaudes blanches et bleu ciel appelé M 16, qui est la partie fraîchement constituée d'une plus grande association d'astres en formation, enveloppée par le nuage. Dans la région inférieure de la nébuleuse, on remarque diverses structures sombres baptisées par l'astrophysicien britannique Fred Hoyle « trompes d'éléphant », en raison de leur forme.
■ Image obtenue à l'aide du télescope Mayall de 3,8 m de diamètre de l'Observatoire national de Kitt Peak.

À droite, la partie centrale de la nébuleuse NGC 3372 qui entoure l'étoile êta de la constellation de la Carène, située à une distance de 8 000 à 9 000 al. Au cœur du nuage, on distingue un groupe de toutes jeunes étoiles – âgées de près de 1 million d'années –, très chaudes et parmi les plus lumineuses de notre Galaxie. Plusieurs autres amas stellaires, de très récente formation, sont également présents. Le nuage tout entier a un diamètre de 300 al.

■ Image composite tirée de clichés réalisés en lumière bleue, verte et rouge, au moyen du télescope de 3,6 m de l'ESO.

En bas, à gauche, la nébuleuse de la Tarentule du Grand Nuage de Magellan, galaxie satellite de la Voie lactée. Le nom de cette nébuleuse lui vient de sa forme observée visuellement au télescope et bien mise en évidence par le dessin réalisé en 1870 par M. Le Sueur, à l'aide du télescope réflecteur Grubb de Melbourne de 122 cm de diamètre. Siège d'une intense activité de formation d'étoiles, elle est de dimensions colossales : près de 650 millions d'années-lumière de diamètre. Elle contient assez de matière pour former un demi-million d'étoiles de la taille du Soleil. Au centre de la Tarentule, se trouve l'objet compact qui ionise et fait briller, de sa très puissante lumière, les gaz de la nébuleuse : 30 Doradus, considéré pendant longtemps comme une étoile simple. Mais des images à haute résolution obtenues de la Terre et dans l'espace ont révélé qu'il s'agit, en réalité, d'un amas de milliers d'étoiles jeunes et très chaudes (voir p. 134).

■ Image-composite tirée de trois clichés pris en lumière bleue, verte et rouge, à l'aide du télescope Schmidt de 1 m de l'ESO.

L'étoile lumineuse de la Carène, à gauche a une curieuse histoire. Cataloguée d'abord comme une étoile de quatrième grandeur par Edmond Halley qui l'observe en 1677, elle s'impose, en 1843, comme l'étoile la plus lumineuse du ciel après Sirius (compte tenu de sa luminosité intrinsèque et de sa très grande distance, elle est, à cette époque, l'étoile la plus brillante de la Galaxie, 600 000 fois plus lumineuse que Sirius et 12 millions de fois plus lumineuse que le Soleil). Puis, dans les années qui suivent, elle s'affaiblit et devient invisible à l'œil nu. L'on sait aujourd'hui que cette augmentation de luminosité a été produite par la violente émission par l'étoile d'une grande partie de son atmosphère, qui provoque une véritable explosion de lumière. Ses couches atmosphériques se sont, par la suite, refroidies, devenant opaques et atténuant ainsi son éclat. Aujourd'hui, elle est totalement cachée par le gaz (voir aussi p. 134).

La nébuleuse par réflexion entourant les étoiles Rhô Ophiuchi (en haut) et Antarès (en bas, à gauche). Des amas de particules de poussière réfléchissent la lumière des étoiles environnantes. La différence de couleur des deux nuages autour des étoiles principales est due à une différence de température des surfaces des étoiles et donc de leur aspect chromatique. Rhô Ophiuchi est une étoile quadruple, dont toutes les composantes sont bleu ciel et très chaudes : sa température superficielle atteint entre 15 000 et 25 000° C ; Antarès est, en revanche, une supergéante rouge (bien qu'elle prenne une couleur jaune-orangé) et froide (sa température est de 3 000 C°). Les molécules de poussières qui entourent Antarès proviennent de l'étoile elle-même et sont le résultat des réactions qui ont intéressé les éléments éjectés par son noyau à la faveur de puissants vents stellaires. ■ Trichromie réalisée par David Malin à partir de clichés pris par Sue Tritton et John Barrow au moyen de l'UKS, avec une exposition de 60 min.

La région comprenant la nébuleuse à émission IC 1283-1284, en haut à droite, et les nébuleuses par réflexion NGC 6589 et 6590, en bas à gauche. Les étoiles cachées dans les deux taches bleuâtres de NGC 6589-6590 n'ont pas assez d'énergie pour générer la lumière ultraviolette nécessaire pour constituer une nébuleuse à émission, mais elles sont assez lumineuses pour que leur lumière soit réfléchie par le nuage de poussières dans lequel elles voyagent à la dérive. L'étoile logée au cœur de la nébuleuse IC 1283-1284 est, au contraire, assez lumineuse pour exciter la région environnante, riche en hydrogène et en poussières. Le mélange de lumière azurée, réfléchie par les poussières, et de lumière rouge, produite par fluorescence par l'hydrogène, donne à l'ensemble une délicate tonalité magenta.
■ David Malin a réalisé cette image à partir de trois clichés, pris avec l'ATT en lumière bleue, verte et rouge, exposés respectivement pendant 35, 30 et 40 min.

À gauche, la splendide nébuleuse par réflexion qui enveloppe les amas d'étoiles NGC 1973-1975-1977, légèrement au nord de la nébuleuse d'Orion.

L'intérieur du nuage révèle des cavités, produites, peut-être, par des vents stellaires, dans lesquelles l'hydrogène résiduel crée des reflets rougeâtres.
■ Photo en trichromie de David Malin, tirée de trois prises de vues (ATT, exposition 15 min chacune).

Ci-dessus, la nébuleuse Rosette, dans la Licorne. Le gaz a donné naissance à l'amas stellaire NGC 2244. Les vents des jeunes étoiles ont balayé le gaz, créant une cavité centrale de 12 al qui s'étend au rythme de 20 km par seconde. Le gaz disparaîtra dans quelques millions d'années.
■ Photo de William Miller prise sur pellicule Super Anscochrome 100, au télescope Schmidt de 122 cm du mont Palomar ; temps de pose : 3 heures.

La première photographie d'une nébuleuse a été prise par l'Américain Henry Draper, médecin et astronome amateur, le 30 septembre 1880. De son observatoire de Hasting-on-Hudson, à 30 km au nord de New York, il parvient à fixer la nébuleuse d'Orion, avec un réfracteur Clark de 28 cm. L'exposition dure 51 min et est faite sur une plaque, enduite de gélatine de bromure d'argent, bien plus sensible que celles en usage à l'époque. Malgré ces perfectionnements, le gaz de la nébuleuse est à peine visible. Draper mettra le gaz clairement en évidence, la même année avec une pose de 104 min et, en 1882 avec un temps de 137 min. Mais déjà, en 1883, à l'aide de son réflecteur de 1 m, l'astronome anglais A.A. Common est en mesure d'obtenir, avec un temps de pose de seulement 37 min, une image de M 42 largement comparable à celles d'aujourd'hui.

Presque toutes les étoiles de masse modeste, une fois qu'elles ont épuisé l'hélium de leur noyau, commencent à grossir et à souffler des vents très puissants qui expulsent de la matière et forment des « coquilles », de dimensions plus ou moins importantes : les nébuleuses planétaires. Ci-contre, en haut, on peut en voir une à peine formée, Hen 1357, photographiée par Matt Bobrowsky (CTA) à l'aide de la caméra planétaire/grand champ 1 (WF/PC-1) du télescope spatial ; l'analyse approfondie des détails visibles mettra en lumière bien des phases de la formation de ces systèmes.

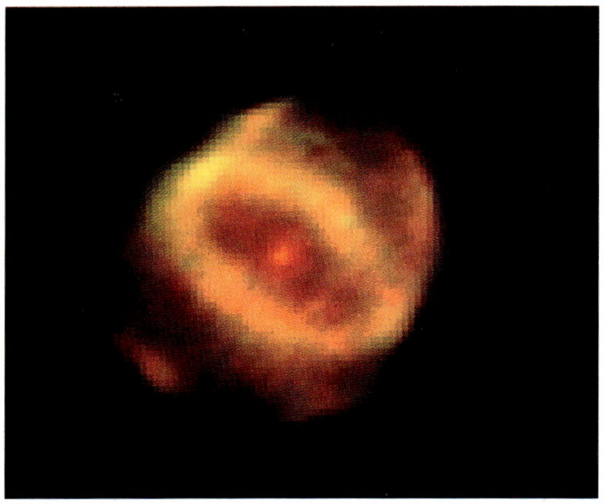

Ci-contre, en bas, M 57 ou l'Annulaire de la Lyre, est l'exemple de nébuleuse planétaire le plus célèbre. Située à une distance de 2 000 al, elle s'est formée il n'y a pas plus de 4 000 ans. Son diamètre mesure une 0,5 al et ses gaz se dilatent à une vitesse de 19 km/s. La petite étoile centrale est réduite à son seul noyau, de carbone et d'oxygène, dont la température s'élève à 70 000 °C et qui est en cours de transformation en naine blanche.
■ Photo prise avec le réflecteur de 3,8 m du KPNO.

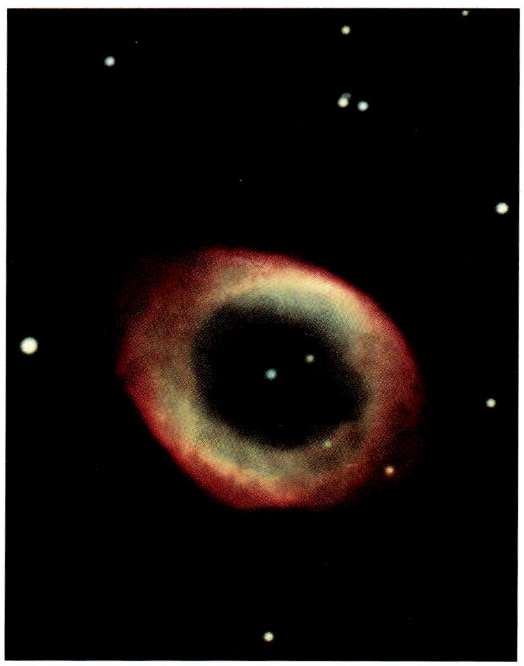

Schémas ci-dessous. En haut, les réactions qui se produisent dans les étoiles de dimensions solaires, à une température de 100 millions de degrés, après épuisement de l'hydrogène : trois noyaux d'hélium forment un noyau de carbone qui, en fusionnant avec un autre noyau d'hélium, forme un noyau d'oxygène. En bas, les réactions qui se produisent dans les étoiles massives, à des températures comprises entre 600 millions et 1 milliard de degrés, portent à la production de noyaux plus complexes : la fusion de deux noyaux de carbone engendre d'abord du magnésium, puis du sodium et du néon. La fusion de deux noyaux d'oxygène donne d'abord du soufre, puis du phosphore et du silicium.

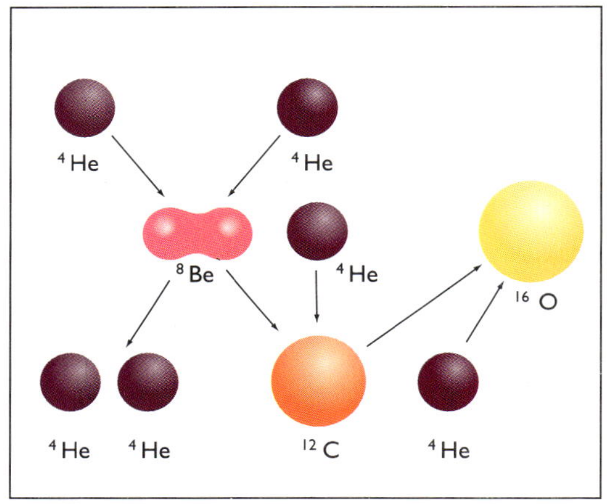

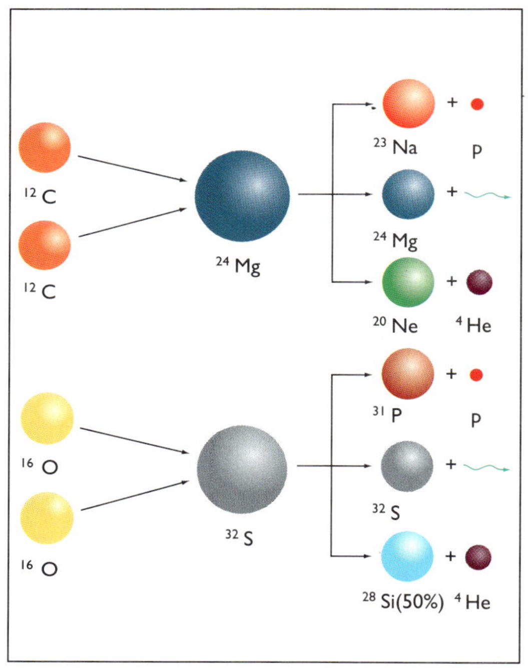

La nébuleuse Annulaire de la Lyre est le premier exemplaire de nébuleuse planétaire que l'on ait observé. Sa découverte est attribuée à l'astronome français Antoine Darquier et remonterait à 1779. La contemplant avec un télescope de 8 cm de diamètre, celui-ci la décrit comme un disque parfaitement défini, grand comme Jupiter mais ayant une lumière opaque, comme une planète vue à travers le brouillard. William Herschel la rangea, en 1785, dans la catégorie des « curiosités du ciel ». L'étoile centrale de la nébuleuse, de magnitude 15, c'est-à-dire 4 000 fois plus faible que les étoiles les plus faibles visibles à l'œil nu, a été observée pour la première fois par l'astronome F. von Hahn, autour de l'an 1800. C'est William Herschel qui, dans un article de 1785, a inventé le terme de « nébuleuse planétaire » pour désigner ces objets dont la forme sphéroïdale rappelle celle des planètes. Voici en quels termes il décrivait l'une de celles-ci : « Une curieuse nébuleuse, je ne saurais comment l'appeler autrement. Elle a une forme un peu ovale, presque circulaire, et, grossie 460 fois, elle apparaît d'un diamètre de 10 à 15" d'arc [...]. Sa luminosité ne change pas beaucoup malgré tous ces agrandissements, comme s'il s'agissait d'un corps de nature planétaire, alors qu'il semble de type stellaire. » Aux astronomes étrangers qui allaient le voir, Herschel montrait presque

toujours une nébuleuse planétaire au télescope, en leur demandant de se prononcer sur la nature de l'objet. D'après lui, les nébuleuses planétaires représentaient l'une des phases initiales de la formation des étoiles, un stade intermédiaire entre la création d'une nébuleuse diffuse et la phase suivante de condensation en étoiles.

La nébuleuse Bolla, NGC 7635, provient de la dilatation, sous l'action des vents, d'un nuage d'hydrogène d'une étoile très chaude. Un grand nombre d'étoiles se libèrent, par le biais de ces vents, d'une grande partie de leur masse pour ne pas finir leur existence dans une explosion de supernova.

■ Trichromie de David Malin ; réalisés avec le télescope Isaac Newton (INT) de 2,5 m des Canaries, par l'équipe de l'INT, avec des temps de pose de 40, 25 et 36 min.

À gauche, la nébuleuse de l'Hélice, NGC 7293, située dans le Verseau, à 300 al. Au centre, l'étoile génératrice, devenue une naine blanche. Souvent les nébuleuses planétaires ont un aspect annulaire car, à la périphérie de l'enveloppe, le regard passe obliquement et rencontre plus de matière qu'au centre.
■ Trichromie de Daniel Malin ; clichés exposés à l'aide de l'ATT, pendant 35, 35 et 90 min.

À droite, la nébuleuse planétaire NGC 3132, dans les Voiles. Elle se trouve à une distance de 2 600 al. Sa couleur tend au vert azur dans la partie centrale (où, plus forte, l'énergie issue de l'étoile parvient à ioniser l'oxygène) et au rouge à la périphérie (où, à plus basse température, seul l'hydrogène est ionisé).
■ Trichromie à partir de trois clichés pris au télescope de 3,6 m de l'ESO.

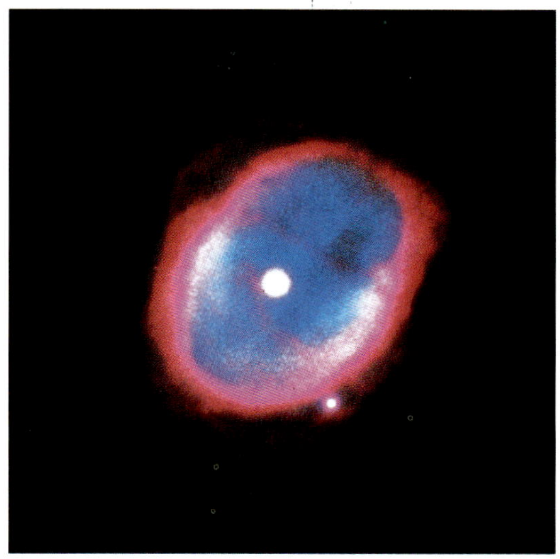

Ci-dessous, la nébuleuse Haltère, M 27, dans le Petit Renard. Sa forme est irrégulière, car le gaz en expansion a trouvé de fortes différences de résistance à la pénétration du milieu interstellaire. Les gaz du nuage se dilatent à 27 km/s. Son diamètre est de 2 al.
■ Photo de William Miller sur Super Anscochrome ; poses de 100 et 90 min au télescope de 508 cm du mont Palomar.

La nébuleuse Haltère est très facile à observer, même avec des jumelles. Elle a été découverte en 1764 par Charles Messier, le grand chercheur de comètes français, qui établit le premier catalogue d'objets diffus et nébulaires, de façon à ne pas les confondre avec les objets, si ressemblants, de ses recherches. Le catalogue Messier comprend plus d'une centaine d'objets : amas stellaires, galaxies et nébuleuses, numérotés progressivement et précédés chacun de la lettre M. M 27, par exemple, était décrite de la façon suivante : « On la voit bien dans un télescope de 3 pieds et demi de focale [...]. Elle apparaît ovale et ne contient pas d'étoiles. Je l'enregistre sur la carte de la comète de 1779. » William Herschel y a vu, « une double couche d'étoiles de grande étendue ». Son nom lui a été donné au siècle dernier par le révérend Thomas William Webb, par analogie avec l'haltère de gymnastique.

Ci-contre, les étoiles massives, après la combustion dans leur cœur de carbone et d'oxygène, à près de 1 milliard de degrés, et de silicium, à 5 milliards de degrés, se retrouvent avec un cœur de fer, entouré de couches dans lesquelles brûlent, à des températures et avec une densité décroissantes, de l'intérieur vers l'extérieur, des éléments moins complexes comme le soufre, le chlore, le carbone, le néon, l'hélium et l'hydrogène. La structure « en pelure d'oignon » de l'étoile précède la phase de la colossale explosion de supernova de type II, au cours de laquelle l'étoile éjecte dans l'espace une grande partie de sa masse (flèches vers l'extérieur) tandis que le reste implose, en formant une étoile de neutrons (flèches vers l'intérieur).

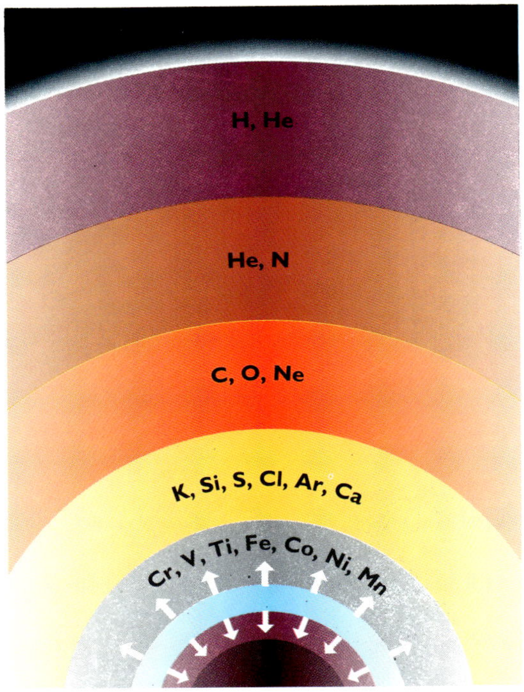

Ci-contre et en haut à droite, la région du Grand Nuage de Magellan, dans la nébuleuse de la Tarentule, théâtre de l'explosion de la SN 1987 A, la supernova la plus proche de la Terre, depuis 1604, qui a été l'un des événements les plus marquants de ces dernières années en astronomie. En haut, avant l'explosion du 23 février 1987 et, en bas, quatre jours plus tard. ■ Ces deux images ont été obtenues au télescope Schmidt de 1 m de l'ESO, à partir de clichés exposés en lumière bleue (60 min sur pellicule Kodak IIa-O avec filtre GG 385), verte (40 min sur 103a-D avec filtre GG 495) et rouge (60 min sur 098-04 avec filtre RG 630).

Page ci-contre, la supernova 1987 A, photographiée en mars 1987. L'étoile explosée, Sanduleak - 69 202, était une supergéante bleu ciel ; au cours de la déflagration, sa luminosité a augmenté de près de 4000 fois. ■ Image en trichromie de David Malin, tirée de trois clichés de Ray Sharples exposés avec l'ATT, pendant 20,15 et 20 min.

En 1987, l'apparition de la SN 1987. A a posé quelques problèmes d'interprétation. En effet, jusqu'alors, on pensait que les étoiles progénitrices des supernovae du type II, c'est-à-dire les étoiles qui explosaient, étaient des supergéantes rouges. Mais quand un cliché, pris avant l'événement, révèle que l'explosion a été le fait d'une supergéante bleu ciel, certains sont d'avis qu'il faut remettre totalement en question la théorie relative aux derniers stades de vie des étoiles

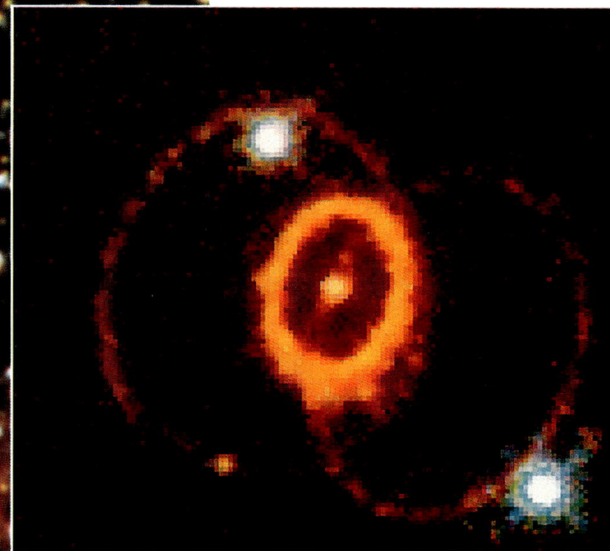

Ci-dessous, la SN 1987 A, à très haute résolution, prise avec la caméra planétaire/grand champ 2 du télescope spatial Hubble, en 1994. Les anneaux se seraient formés à partir de la matière expulsée précédemment, l'anneau intérieur à partir d'une supergéante rouge, les deux externes à partir d'une supergéante bleu ciel (leur plus grande dimension serait due à une vitesse plus élevée des vents stellaires). La structure a la forme d'un sablier et est éclairée par la lumière de l'explosion. Au centre, on distingue le nuage gazeux, le résidu de supernova à peine formé, en expansion à 5 000 km/s. ■ Superposition d'images prises à la lumière de l'hydrogène et de l'oxygène doublement ionisé par Christopher Burrows du ST-ScI de Baltimore.

massives. On émet alors l'hypothèse que la SN 1987 A pourrait avoir une composition chimique particulière, beaucoup plus pauvre en éléments lourds, surtout en oxygène, typique du Grand Nuage de Magellan dans lequel elle se trouve. L'oxygène a pour effet particulier d'inhiber la contraction d'une étoile, de favoriser la production d'énergie par fusion de l'hydrogène et de rendre plus opaque aux radiations la couche stellaire externe. Par conséquent, une carence en oxygène pourrait avoir modifié les phases initiales de l'évolution de l'étoile, favorisant la création d'une supergéante bleu ciel avant l'explosion. Pour d'autres, le progéniteur pourrait être en réalité une étoile double dans laquelle un transfert de masse d'un astre à l'autre pourrait avoir favorisé la transformation de l'étoile principale en supergéante bleu ciel.

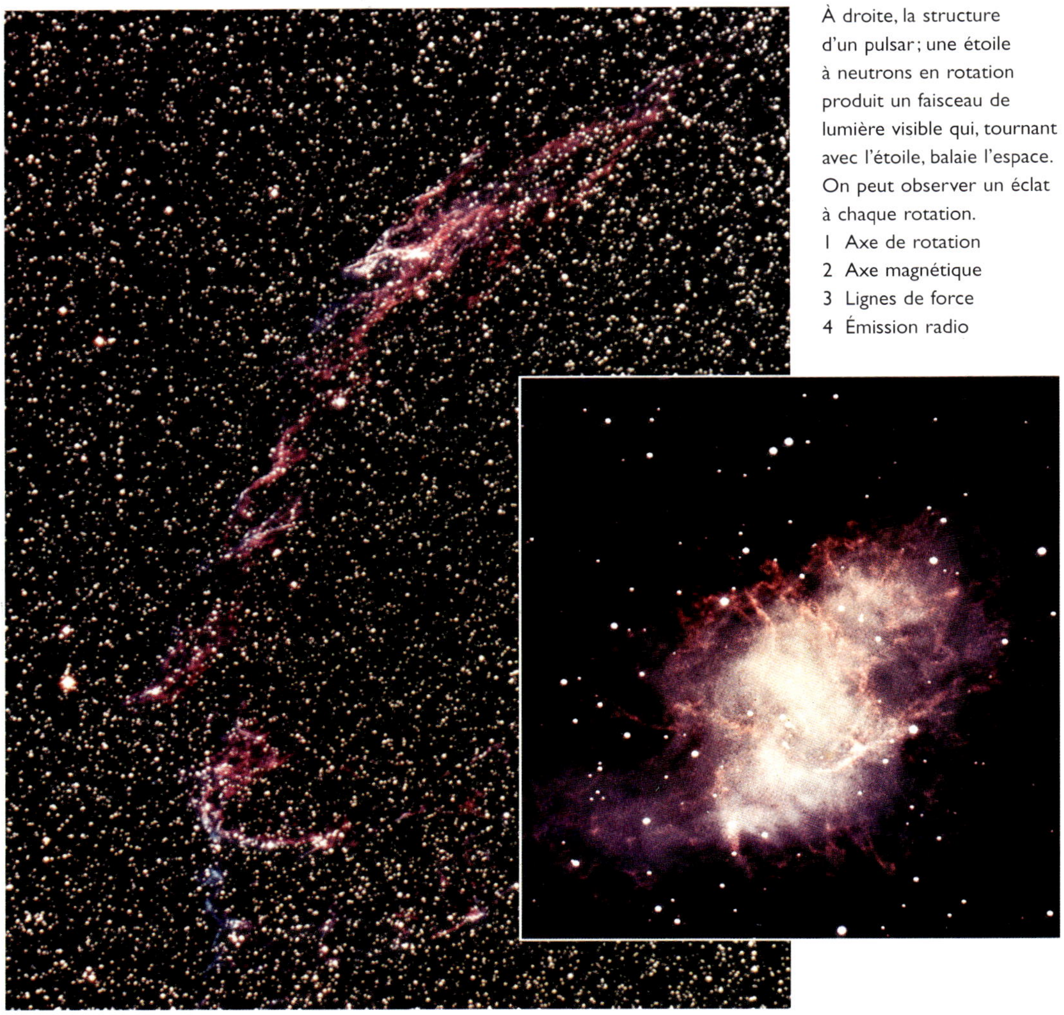

À droite, la structure d'un pulsar ; une étoile à neutrons en rotation produit un faisceau de lumière visible qui, tournant avec l'étoile, balaie l'espace. On peut observer un éclat à chaque rotation.
1 Axe de rotation
2 Axe magnétique
3 Lignes de force
4 Émission radio

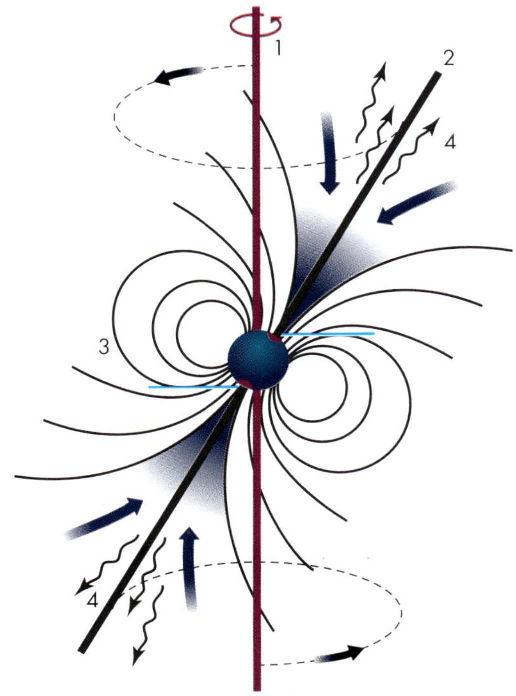

Page ci-contre, résidu d'une supernova explosée dans la constellation des Voiles il y a près de 10 000 ans. Depuis, le gaz s'est dilaté sur une surface près de 3 fois plus grande que celle de la nébuleuse du Voile du Cygne.

■ Trichromie de David Malin ; clichés exposés par Malcom Hartley et Peter Standen avec l'UKS pendant 60 min.

Ci-dessus, NGC 6992, qui fait partie de la nébuleuse Voile, dans le Cygne, résidu de supernova au diamètre près de 6 fois plus grand que celui apparent de la pleine lune.

Au centre, la nébuleuse du Crabe, résidu de l'explosion de la supernova de 1054, siège d'un célèbre pulsar.
■ Ces deux images ont été réalisées par William Miller, au mont Palomar, sur pellicule Super Anscochrome 100 ; NGC avec le Schmidt 122 cm et 2 h de pose ; la nébuleuse du Crabe avec le 508 cm et 4 h de pose.

Le tableau ci-contre présente des données relatives aux supernovae connues et répertoriées, qui ont explosé jusqu'à ce jour dans notre galaxie. Des doutes demeurent toutefois sur trois événements : celui de 185 pourrait se référer à une comète ; ceux de 386 et 393 à une nova normale. L'idéal pour étudier le phénomène de plus près serait qu'il se produise une autre explosion à distance rapprochée mais, curieusement, depuis que le télescope a été inventé, aucune supernova galactique ne s'est encore manifestée.

Date	Constellation	Lumin.	Localisation de l'observation	Durée	Distance al	Résidu
185	Centaure	-3	Chine	7 mois	14 000	résidu gazeux optique et X MSH 15-52 et pulsar radio et X PSR 1509-58
386	Sagittaire	0	Chine	3 mois	16 300	résidu gazeux G11.2-0.3
393	Scorpion	0	Chine	8 mois	15 000	non identifié
1006	Loup	-9	Chine, Japon Corée, Europe pays arabes	24 mois	4 500	résidu gazeux optique et radio PKS 1459-41
1054	Taureau	-5	Chine, Japon pays arabes	22 mois	6 500	résidu gazeux optique et X (nébuleuse du Crabe) et pulsar du Crabe
1181	Cassiopée	0	Chine, Japon	6 mois	8 500	source radio 3C58
1572	Cassiopée	-4	Chine, Corée Europe	16 mois	7 500	résidu gazeux et source radio et X Tycho+s SNR
1604	Ophiucus	-3	Chine, Corée Europe	12 mois	14 300	résidu gazeux et source radio Kepler SNR

Les amas stellaires

Ci-dessous, autour des étoiles de NGC 3293, amas ouvert typique, on remarque une faible nébulosité, traces du gaz à partir duquel se sont formées les étoiles.
■ Trichromie de David Malin ; clichés exposés avec l'ATT 5 min chacun.

Les étoiles, on l'a vu, tendent à naître par groupes, constituant des amas de dizaines, de centaines ou de milliers, voire de millions, d'astres. Certains amas sont connus depuis l'Antiquité, comme celui de la Chevelure de Bérénice ou des Pléiades et des Hyades, appartenant tous deux à la constellation du Taureau. La Crèche, située dans celle du Cancer, apparaît à l'œil nu comme une étoile brumeuse ; le poète grec Aratos, auteur, au IIIe siècle av. J.-C., d'une célèbre description du ciel, les *Phénomènes*, la désigne par l'expression : « petite brume », tandis que l'astronome Hipparque, un siècle plus tard, l'appelle « petit nuage ». L'amas double de Persée était lui aussi déjà connu dans l'Antiquité, bien qu'il fût considéré comme une nébulosité, aussi bien par Hipparque que par Ptolémée (IIe siècle apr. J.-C.).

Tous ces amas sont dits « ouverts », formant des groupes où les étoiles ne sont pas très proches les unes des autres : leur distance moyenne est de l'ordre de la moitié de celle qui sépare les étoiles situées à proximité du Soleil, soit de 2 al. Ces groupes sont concentrés le long du plan du disque de notre galaxie (voir fig. ci-dessous), la grande cité stellaire que nous habitons (voir p. 80), dans ses bras spiraux : là, la compression à laquelle est soumis le gaz est telle que de nouvelles étoiles sont continuellement générées à partir des nébuleuses disséminées le long de ces mêmes bras (voir p. 88). Théoriquement, donc, les amas ouverts peuvent avoir n'importe quel âge, puisque la formation des étoiles dans une galaxie comme la nôtre est encore bien loin d'être achevée. Mais, en réalité, les amas tendent, un certain temps après leur formation, à se désagréger, en raison du fait que chaque étoile a son propre mouvement de révolution autour du centre de la Galaxie. Par conséquent, en dehors des cas insolites où les astres sont extrêmement nombreux ou exceptionnellement rapprochés, on n'observe, actuellement, que des amas de récente formation, où la séparation des composantes ne s'est pas encore produite.

La distance des amas ouverts peut varier de quelques dizaines à des dizaines de milliers d'années-lumière, s'ils se trouvent à l'autre bout de la galaxie. Toutefois, les amas étant situés sur le plan galactique, la lumière des plus éloignés est cachée par les étoiles, les poussières ou les gaz qui s'interposent entre eux.

Il existe une autre catégorie d'amas : les amas globulaires, ainsi appelés car l'amoncellement d'étoiles y est si dense que leur structure prend l'aspect d'un globe. Dans ce cas, les étoiles sont beaucoup plus nombreuses, se comptant par dizaines de milliers, voire par millions, et sont beaucoup plus proches les unes des autres, séparées parfois de quelques jours ou même de quelques heures-lumière. Les amas globulaires se répartissent dans le halo galactique, ensemble plus ou moins sphérique qui entoure le disque et où sont également logées des étoiles isolées.

La taille des amas globulaires est en moyenne 2 fois plus élevée que celle des amas ouverts, mais en raison de leur répartition et de leur position actuelles dans le halo, ils sont tous assez éloignés et difficilement visibles à l'œil nu.

Dans l'Antiquité, on ne connaissait en effet qu'Oméga Centauri, catalogué toutefois par Ptolémée comme une étoile brumeuse.

Dans les amas globulaires, le processus de

À droite, modèle de la Voie lactée avec ses principales composantes et ses amas ouverts et globulaires.
1 Soleil
2 Noyau
3 Renflement central
4 Disque
5 Amas globulaires
6 Amas ouverts

formation des étoiles s'est produit pratiquement en une seule phase, au moment de la formation de la Voie lactée : les amas globulaires représentent le premier stade de la contraction de grands nuages de gaz qui commencent à produire des étoiles en quantité considérable. Peu après, la protogalaxie, le grand nuage à partir duquel s'est constitué notre Voie lactée, ne tarde pas à s'effondrer, formant le disque galactique et laissant relativement dépourvues de gaz les régions du halo, qui seront par la suite vidées par de furieux vents stellaires générés par les nombreuses explosions de supernovae marquant la fin de l'existence des étoiles plus massives qui avaient, entre-temps, fait leur apparition. Tous ces phénomènes bloquent de fait le processus de synthèse stellaire.

Les amas globulaires sont donc les objets les plus vieux de la Galaxie et leurs étoiles ont un âge comparable à celui de l'Univers, soit au moins 10 milliards d'années. On désigne celles-ci sous le nom d'« étoiles de population II ». Les amas ouverts sont, pour leur part, constitués d'étoiles de tous les âges mais, dans l'ensemble, beaucoup plus jeunes. Appelées « étoiles de population I », elles se sont formées à partir des « cendres », riches en éléments complexes, éjectées par les étoiles de population II et disséminées dans l'espace par les vents stellaires et sous l'effet des explosions de novae et supernovae.

L'âge des amas peut être calculé en construisant un diagramme mettant en rapport la luminosité et la température des étoiles qui les composent (voir fig. en haut, à droite). La plupart des astres sont disposés le long de ce que l'on appelle la « séquence principale » (SP), qui correspond à leur phase de vie stable, au cours de laquelle ils brûlent l'hydrogène contenu dans leur noyau.

La SP s'arrête beaucoup plus bas pour les amas les plus vieux comme le globulaire M 3 ou l'amas ouvert M 67, et beaucoup plus haut pour les amas jeunes comme les Pléiades ou NGC 2362. Cela s'explique par le fait que la durée de vie d'une étoile est inversement proportionnelle au cube de sa masse : une étoile de 10 masses solaires vit seulement 1 millième du temps que vit le Soleil. Par conséquent, dans les amas jeunes, seules les étoiles de masse plus importante ont déjà fini leur existence stable et quitté la SP, alors que les astres petits ou moyens s'y trouvent encore présents.

Dans les amas les plus vieux, en revanche, même les étoiles les plus petites ont quitté la SP, qui apparaît réduite seulement à l'extrémité. Avec des diagrammes de ce type, on est donc en mesure de calculer l'âge des différents amas, même si les données dont on dispose sont à l'évidence approximatives. On a pu ainsi établir que l'âge des amas ouverts varie de 1 million à 10 milliards d'années, alors que celui des amas globulaires se situe, en moyenne, sur cette dernière valeur.

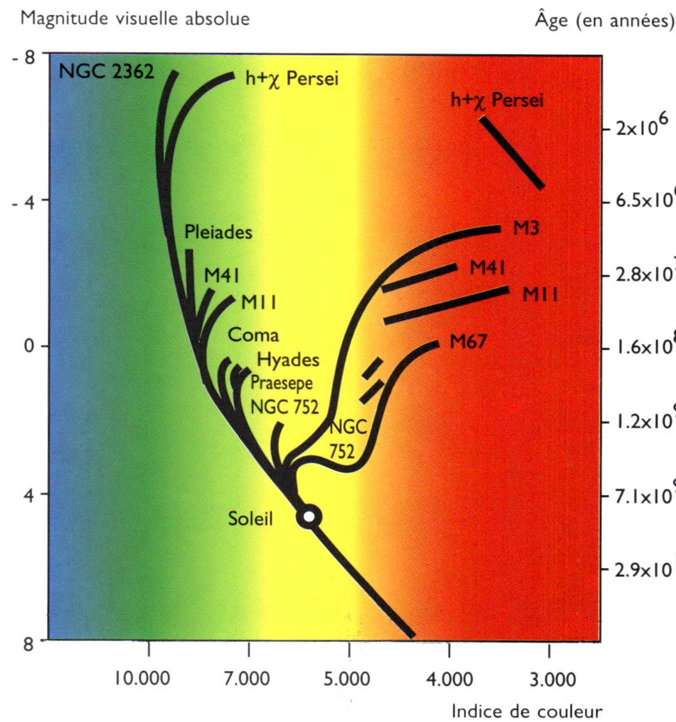

Ci-dessus, diagramme température-luminosité de certains amas stellaires, dit diagramme H-R, initiales du nom des astronomes qui le mirent au point (le Danois Ejnar Hertzsprung et l'Américain Henry Norris Russell) entre 1911 et 1913. Dans l'ordonnée de gauche, la magnitude absolue correspond à la luminosité d'un objet céleste placé à la distance standard de 10 parsec (1 parsec équivaut à 3,26 al). L'ordonnée de droite représente l'âge en années. L'abscisse indique un indice de couleur représentatif de la température à la surface de l'étoile.

Un amas globulaire typique, M 15, dans Pégase, photographié au téléscope Mayall de 3,8 m du KPNO. Il se trouve à une distance de 31 000 al et a un diamètre de 110 al.

L'amas ouvert des Pléiades, à une distance de 410 al, contient plusieurs centaines d'étoiles. Les novae les plus brillantes sont les géantes bleu ciel dont la luminosité est de 100 à 1 000 fois celle du Soleil. Celles-ci sont concentrées dans une région de l'espace qui s'étend sur 7 al, tandis que la totalité du groupe occupe un espace de 40 al de diamètre. Leur âge est d'environ 150 millions d'années. Les Pléiades sont l'objet céleste le plus observé et le plus photographié par toutes les générations d'astronomes, depuis des temps immémoriaux. Elles sont citées dans les textes et les légendes orales de toutes les civilisations du monde. Certains peuples réglaient même leur vie civile sur les positions saisonnières qu'elles prenaient dans le ciel. Suivant les cultures, elles ont reçu les noms les plus divers : les Sectes, les Poules d'eau, les Petits Yeux, la Grappe, le Paquet fermé, les Vieilles Épouses, les Sept Chevrettes, la Pléthore, les Jeunes Filles, la Compagnie des vierges, pour n'en citer que quelques-uns. Les plus grands poètes les ont célébrées, notamment : Homère, Sapho, Aratos, Hésiode, Virgile, Ovide, Tennyson et Pascoli. Le gaz visible sur la photo n'appartient pas aux Pléiades, mais est occasionnellement présent dans la région traversée par l'amas.

■ Photo de W. Miller au télescope Schmidt de 122 cm du mont Palomar, sur pellicule Super Anscochrome 100 ; temps de pose 90 min.

Ci-dessous, l'amas ouvert M 37 dans le Cocher, observé pour la première fois par l'astronome français Charles Messier en 1764. Il comprend près de cinq cents étoiles. Sa luminosité équivaut à celle de 2 500 étoiles comme le Soleil. Son diamètre est de 25 al, sa distance de 4 400 al, son âge de 300 millions d'années. La plupart des étoiles qui le composent sont de couleur blanc azuré, mais il s'y trouve aussi une douzaine de géantes rouges, dont la plus brillante, de couleur jaune-orangé, est à peine visible à proximité du centre du groupe.
■ Image réalisée par Gabriele Vanin au télescope Newton de 200 mm de l'OAAFR, avec un temps d'exposition de 10 min (f/5), sur Scotchchrome 3200.

À gauche, l'amas ouvert NGC 4755 ou « Écrin de bijoux », dans la Croix du Sud. Il se trouve à 7 600 al et a un diamètre de 25 al. C'est un groupe plutôt jeune, d'âge compris entre 7 et 15 millions d'années. Les étoiles les plus brillantes sont des géantes azurées, extrêmement lumineuses : deux d'entre elles ont un éclat équivalant à 80 000 fois celui du Soleil. Le jeune âge de l'amas n'a pas empêché l'une de ses composantes de se muer en supergéante rouge (au centre).

■ Trichromie de David Malin tirée de ses clichés, exposés à l'AAT pendant 5 min chacun.

Ci-dessus, NGC 869-884 ou l'Amas double de Persée, qui comprend au total près de sept cents étoiles. Les dix les plus brillantes sont des géantes azurées, dont la luminosité est de 7 500 à 70 000 fois plus élevée que celle du Soleil. Le groupe comprend également une vingtaine de supergéantes rouges. Diverses études démontrent que les amas NGC 869 et NGC 884 non seulement ne sont pas physiquement liés, mais qu'ils n'ont ni le même âge ni la même distance par rapport à nous. NGC 869 est plus proche (7 200 contre 7 500 al). Ils n'en sont pas moins extrêmement jeunes tous deux : leur âge ne dépasse probablement pas 6 millions d'années. Leur diamètre effectif est de 70 al.

■ Photo de Gabriele Vanin, prise avec le télescope Newton de 200 mm de l'OAAFR ; temps de pose : 30 min sur Scotchchrome 1 000 (f/5).

L'autre nom plus évocateur de NGC 4755 a été forgé par John Herschel au cours du séjour qu'il fit au cap de Bonne-Espérance entre 1834 et 1838 pour explorer le ciel austral. Ainsi décrivait-il l'amas : « Les étoiles qui le composent, vues dans un télescope assez grand pour faire apparaître les couleurs des astres, ont l'aspect d'un coffret de pierres précieuses aux mille couleurs. » Malheureusement, cette merveille n'est visible que dans l'hémisphère austral. La splendeur, en revanche, de NGC 869-884, l'Amas double de Persée, est réservée aux habitants de l'hémisphère Nord. L'existence de cet amas est, comme on l'a vu, connue au moins depuis l'an 150 av. J.-C., mais sa nature véritable n'a été découverte qu'après l'invention de la lunette. Il est étrange que l'astronome français Charles Messier n'ait pas inclus NGC 869-884 dans son catalogue des objets nébulaires à ne pas confondre avec des comètes. Peut-être pensait-il que la notoriété de l'amas était telle qu'on ne pouvait le prendre pour une nouvelle comète, mais comment expliquer alors qu'il ait catalogué d'autres amas aussi connus sinon plus, comme la Crèche, dans la Constellation du Cancer (M 44) ou les Pléiades (M 45) ?

Certains amas ouverts apparaissent presque identiques à des amas globulaires et vice-versa. La ressemblance n'est toutefois que partielle et est largement imputable à leur distance relative. Ainsi, M 11, dans la constellation de l'Écu (à droite) est effectivement un des amas ouverts visibles les plus peuplés et denses. Il contient au moins un millier d'étoiles ; celles qui sont massées au centre se trouvent à une distance les unes des autres de moins d'une année-lumière, présentant donc une densité assez proche de celles des amas globulaires les moins concentrés. Et de fait, si on observe ou photographie M 11 sans beaucoup l'agrandir, il rappelle de près un amas globulaire. Son diamètre est de 21 années-lumière et sa luminosité totale équivaut à 10 000 fois celle du Soleil. Il a une étoile plus brillante précisément en son centre. Il est composé en majorité d'étoiles de la séquence principale du type spectral A et F mais on y trouve aussi plusieurs géantes jaunes et rouges. L'âge de l'amas est de 220 millions d'années.

M 22, dans la constellation du Sagittaire (à gauche), présente une assez bonne résolution, les étoiles étant visibles jusqu'en son centre, à l'aide de télescopes de moyennes dimensions, en raison de sa distance réduite. C'est en effet l'un des amas globulaires les plus proches : moins de 10 000 al nous en séparent. La forme de M 22 est légèrement elliptique et son diamètre est de 70 al. En 1918, on a compté, dans cet amas, 75 000 étoiles, sur des clichés pris à l'observatoire américain du mont Wilson, mais il est probable que le groupe en comprenne au moins un demi-million. ■ Ces photos ont été réalisées par Gabriele Vanin à l'aide du télescope Newton de 310 mm (f/5,7) de l'Osservatorio Didattico Isaac Newton d'Uggiano Montefusco, près de Tarente, en Italie, avec un temps de pose de 12 min pour M 11 et de 10 min pour M 22, sur pellicule Scotchchrome 3200.

M 11 a été découvert en 1681 par Gottfreid Kirch, qui le catalogue comme « masse brumeuse ». Le premier à en voir les étoiles sera le pasteur anglais Derham en 1732. L'amas est connu sous le nom forgé par William Henry Smyth au milieu du siècle dernier : « Vol de canards sauvages ». M 22 a été découvert en 1665 par un astronome allemand, Abraham Ihle, mais Willliam Herschel sera le premier à en observer les étoiles.

Page ci-contre, M 13 dans Hercule. Il s'agit du plus brillant amas globulaire visible dans l'hémisphère Nord. Situé à une distance de 23 500 al, il a un diamètre de 155 al. Sa luminosité équivaut à plus de 200 000 fois celle du Soleil et il comprend 1 million d'étoiles. Les plus brillantes sont des géantes rouges, 1 500 fois plus lumineuses que le Soleil. On estime qu'il est âgé de 10 milliards d'années.
■ Photo prise au télescope de 155 cm de l'US Naval Observatory, station de Flagstaff (Arizona).

À gauche, 47 Toucan, le deuxième amas globulaire le plus brillant du ciel, visible malheureusement, lui aussi, seulement de l'hémisphère Sud. Il se trouve à 15 000 al et a un diamètre de 200 al. Sa luminosité est un demi-million de fois plus élevée que celle du Soleil et il comprend au moins 2 ou 3 millions d'étoiles. Comparé à la plupart de ses « semblables », 47 Toucan est un amas globulaire jeune, n'ayant que quelque 7 milliards d'années.
■ Trichromie à partir de trois clichés pris en lumière bleue, verte et rouge au télescope Schmidt de 1 m de l'ESO.

À droite, Oméga Centauri, l'amas globulaire le plus lumineux du ciel, visible seulement de l'hémisphère Sud. Il se trouve à une distance de 17 000 al et a un diamètre de 350 al. Selon les récentes estimations de Georges Meylan de l'ESO, sa masse atteint une valeur de 5 millions de masses solaires. Oméga Centauri se trouverait ainsi à un stade d'évolution intermédiaire entre un amas globulaire ordinaire et une galaxie elliptique naine (voir p. 85). Il a, à peu près, le même âge que M 13.
■ Image prise au télescope de 4 m du CTIO.

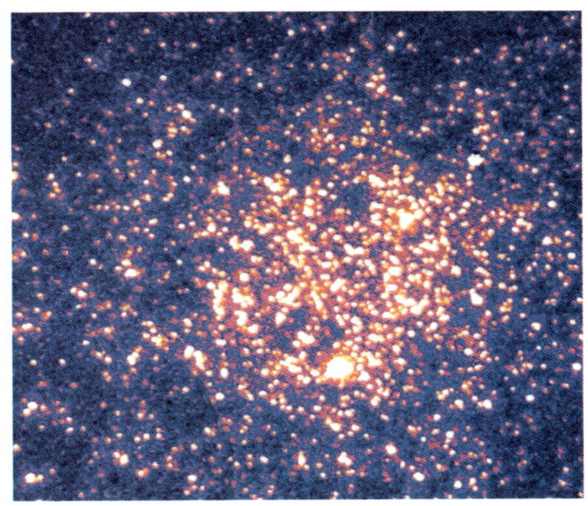

Ci-dessus, Oméga Centauri, photographié en ultraviolet à 160 nanomètres, par l'Ultraviolet Imaging Telescope de 38 cm de diamètre, monté sur le satellite de la NASA, Astro, en vol en décembre 1990 à bord de la navette Columbia. À cette longueur d'onde, les étoiles les plus chaudes de l'amas sont très visibles.

Oméga Centauri que, dans l'Antiquité, l'on tenait pour une étoile, a été cataloguée comme telle par Johann Bayer, l'inventeur de la méthode moderne de désignation des étoiles : une lettre grecque est attribuée à chaque étoile, en rapport avec sa luminosité et/ou sa disposition au sein de la constellation, suivie du nom latin, au génitif, de sa constellation, tel qu'il figure dans son atlas Uranométrie *de 1603. Edmond Halley obtient le premier la résolution de l'amas, en 1677. En 1834, John Herschel observe qu'Oméga Centauri est « le plus grand et le plus riche objet de son espèce dans tous les cieux ». 47 Toucan est, lui aussi, facilement visible à l'œil nu, à côté du Petit Nuage de Magellan (l'« étoile » la plus brillante, juste à droite du Nuage, sur la photo p. 84). Le naturaliste Alexander von Humboldt, qui l'observe du Pérou au début du siècle dernier, le prend pour une comète. Mais déjà en 1755 l'abbé de La Caille (voir p. 102) en avait découvert la nature véritable. Quant à M 13, on l'entrevoit à l'œil nu par nuits très limpides, come réussit à le faire Halley, qui le découvre en 1714. Messier le prend, en 1764, pour une nébuleuse sans en distinguer aucune étoile. Enfin William Herschel découvrira la nature de M 13, en estimant alors le contenu à 14 000 étoiles.*

Page ci-contre, M 104, la galaxie Sombrero dans la Vierge, à 40 millions d'années-lumière. Il s'agit d'une spirale caractérisée par un énorme renflement au centre. Dans son halo, on distingue plusieurs dizaines d'amas globulaires. ■ Photo en trichromie, au télescope de 3,6 m de l'ESO.

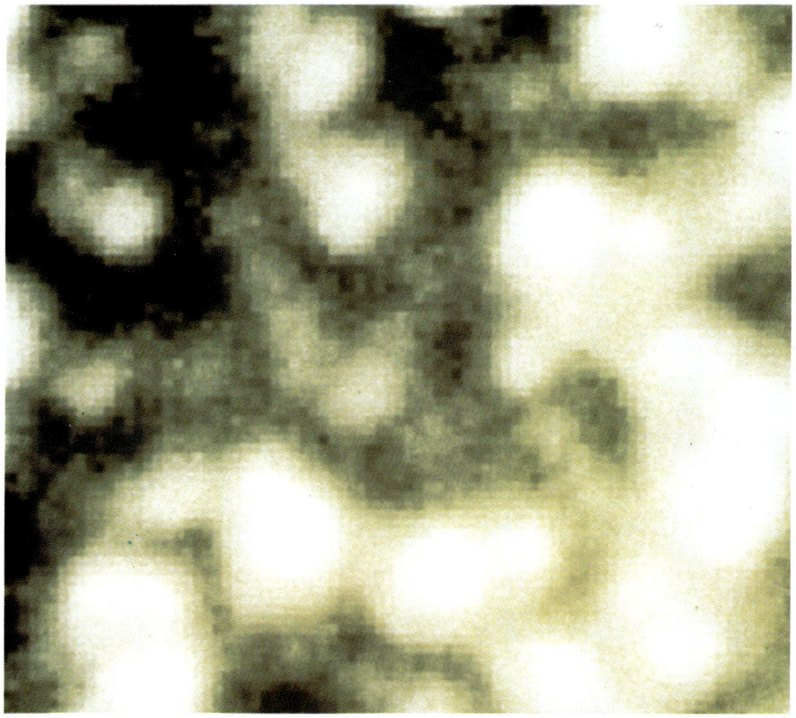

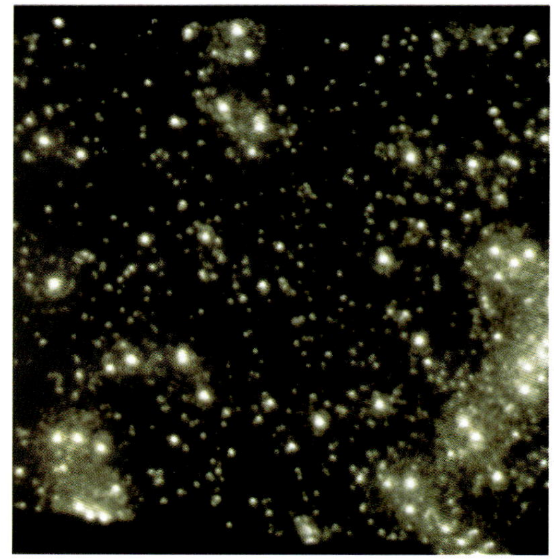

En haut, deux photos du centre de l'amas globulaire M 14, l'une (à gauche) prise par Holland Ford avec CCD, au 4 m du CTIO ; l'autre (à droite), par Bruce Margon, en 1990, avec la caméra à objets faibles du Télescope spatial. La résolution de celle-ci est vingt fois meilleure.

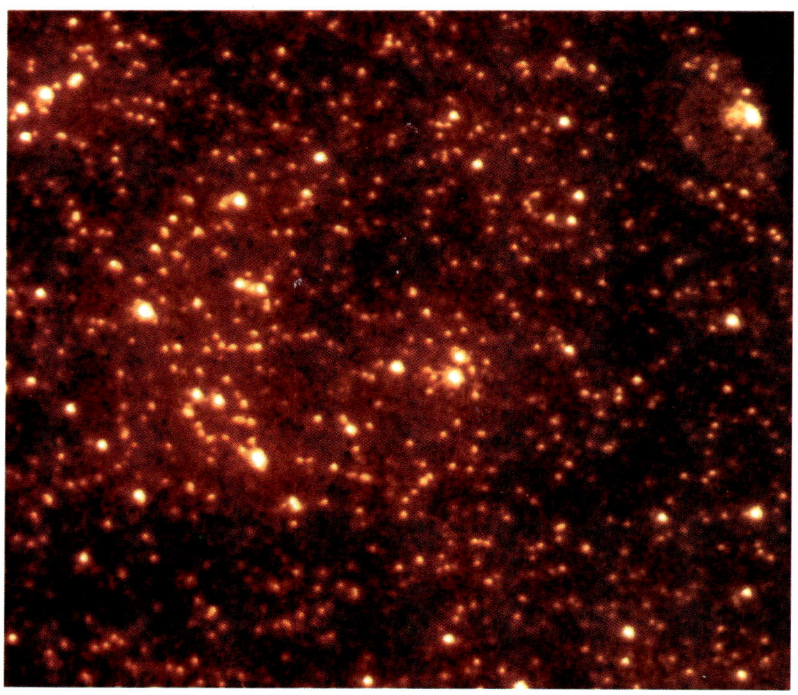

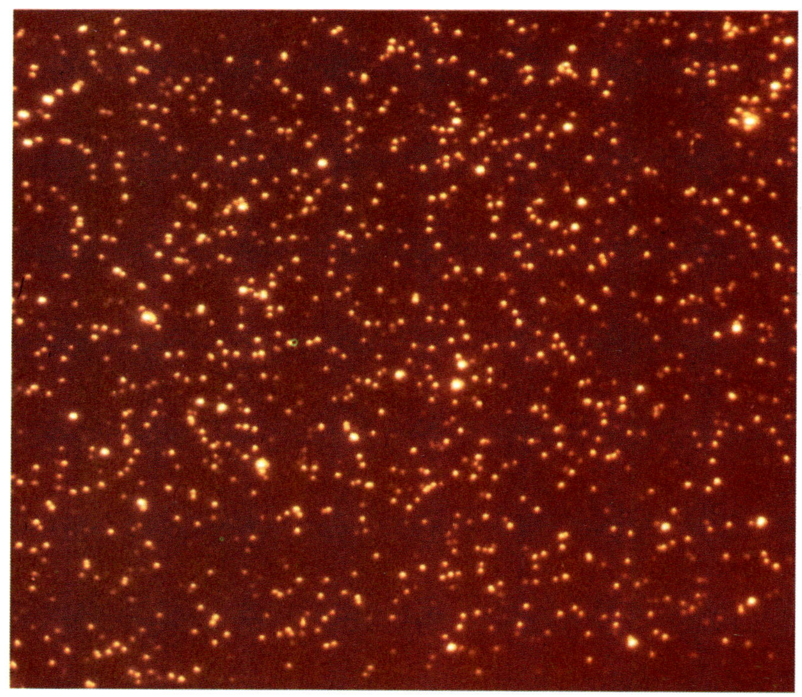

Ci-dessous, le centre de 47 Toucan photographié en ultraviolet avec la caméra à objets faibles avant et après application du COSTAR (voir p. 123). La résolution s'améliore au point que l'on aperçoit des étoiles quinze fois plus faibles, séparées entre elles par à peine une trentaine d'heures-lumière. Des images comme celles-ci permettent d'exclure la possibilité de l'existence de trous noirs au centre des amas globulaires, mais aussi d'observer des naines blanches, élément essentiel pour la reconstruction de l'évolution dynamique des amas. ■ Image réalisée par Robert Jedrzejewski de la NASA et Francesco Paresce et Guido De Marchi de l'ESA.

Depuis la réparation du télescope spatial Hubble, il est possible d'affronter l'un des problèmes les plus importants de la dynamique des amas globulaires. Selon diverses études menées ces dernières années, les étoiles des noyaux des amas s'effondreraient, formant un trou noir, c'est-à-dire un objet si compact et dont la gravité est si concentrée à la surface qu'il ne laisse pas même passer la lumière. Mais les observations effectuées jusqu'à ce jour par Hubble sur M 14, M 15 et 47 Toucan privilégient une hypothèse différente : l'effondrement serait en réalité évité, car il se créerait, au cœur des amas, des groupes de binaires en contact. Les rapides mouvements orbitaux de ces étoiles constitueraient un réservoir d'énergie à disposition des autres étoiles, qui augmenteraient leur vitesse en étendant leur structure.

L'étude des amas globulaires des autres galaxies permet de comprendre l'origine, l'évolution et la dynamique des galaxies, à commencer par la nôtre, mais aussi de préciser nos connaissances en ce qui concerne l'évolution des étoiles. En effet, on ne connaît que cent cinquante amas globulaires appartenant à la Voie lactée, un échantillon peu significatif pour des études statistiques sur la vie des étoiles. Les amas globulaires des galaxies externes sont, pour leur part, si éloignés que seuls de très grands télescopes peuvent les apercevoir (et l'on ne parle pas ici de les étudier en détail), à des distances supérieures à 15 millions d'années-lumière (voir par exemple la photo de M 87 p. 97, qui présente des centaines d'images d'amas globulaires). Ces dernières années, divers astronomes sont parvenus, à l'observatoire de Mauna Kea, aux îles Hawaii, à recueillir des images d'amas globulaires, avec des caméras CCD appliquées au télescope franco-canadien-hawaiien de 3,6 m de diamètre. En 1987, W. Harris, L. Thompson et F. Valdes ont réussi à résoudre des amas globulaires dans NGC 4874 et NGC 4889 de l'amas de la Chevelure de Bérénice, à une distance de 270 millions d'années-lumière. Enfin, en 1990, W. Harris et C. Pritchet en ont photographié dans NGC 6166, qui fait partie de l'amas Abell 2199, à 375 millions d'années-lumière.

Des galaxies à l'Univers

Ci-dessous, la Voie lactée en été en direction du centre galactique. Photo de Gabriele Vanin, depuis le refuge Lagazuoi (2 752 m) dans les Dolomites.
■ Photo sur pellicule Scotchchrome 3200 ; objectif de 35 mm de focale f/2,8, avec un temps d'exposition de 5 min.

Toutes les étoiles que nous voyons fourmiller dans le ciel par une belle nuit pure, les amas d'étoiles et les nébuleuses forment un système stellaire unique : la Galaxie ou Voie lactée.

Dès le milieu du XVIe siècle, les scientifiques commencent à réaliser que l'univers ne se limite pas au seul système solaire. En 1576, le copernicien anglais Thomas Digges avance l'hypothèse que les étoiles n'occupent pas une position fixe sur une sphère unique un peu extérieure à l'orbite de la dernière planète connue, comme le prétendait Copernic, mais qu'elles sont réparties dans l'espace à des distances variables de la Terre. Une théorie que Giordano Bruno, à la fin du XVIe siècle, reprend sous l'aspect philosophique, affirmant l'identité entre Soleil et étoiles fixes, autour desquelles des planètes de notre système comme la Terre et d'autres graviteraient en orbite. Les observations faites par Galilée avec sa lunette viennent confirmer ces hypothèses : observant la Voie lactée (voir photos sur cette page et la suivante), cette traînée blanchâtre qui traverse tout le ciel étoilé surtout par les belles nuits d'été, le grand physicien pisan découvre qu'elle se résout en une multitude d'étoiles, apparemment disséminées à toutes distances de nous, certaines si lointaines qu'elles ne sont pas décelables à l'œil nu. Au XVIIe siècle, l'idée de l'immensité du système stellaire, considéré comme représentant l'Univers entier, commence à faire son chemin.

William Herschel, le premier, cherche à comprendre l'étendue et la structure de la Galaxie; ce terme, synonyme de la Voie lactée (*gala* en grec signifie « lait »), en est venu à désigner le système sidéral, autrement dit toute la Galaxie. Pour se faire une idée de leur distribution dans l'espace, Herschel imagine de braquer un télescope sur les étoiles situées dans certaines régions sélectionnées du ciel et de les compter. Il parvient à la conclusion que la Galaxie a une forme très aplatie et irrégulière, et que le Soleil est en son centre (voir fig. ci-dessous). Ainsi l'aspect apparent du ciel s'explique aisément : en regardant dans une direction parallèle au plan de la Galaxie, on verra une concentration dense d'étoiles formant une sorte de clarté floue et diffuse, la Voie lactée précisément; tandis qu'en observant dans une direction perpendiculaire au plan, on distinguera beaucoup moins d'étoiles.

Il faut attendre pratiquement 1838 pour que des progrès importants soient accomplis dans la compréhension de la dimension de la Galaxie. Cette année-là sont réalisées les premières mesures de distances interstellaires : elles montrent que le système sidéral est au moins un million de fois plus vaste que le système solaire.

Jusqu'en 1910 environ, les scientifiques croient que le Soleil est au centre de la Galaxie et que celle-ci représente l'Univers entier. À ce moment œuvre Jacobus Kapteyn,

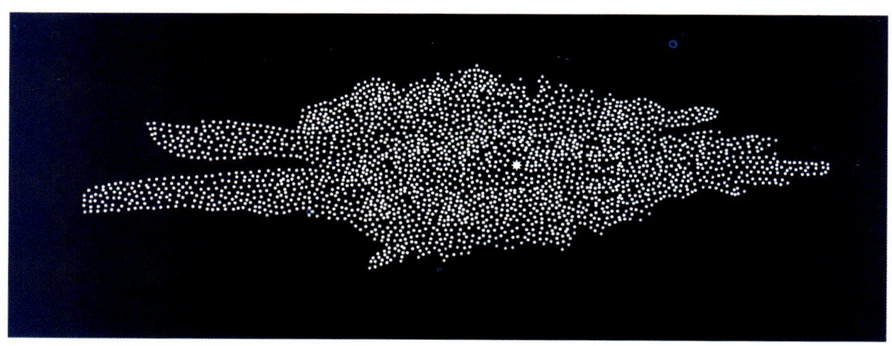

Ci-dessus, modèle de la Galaxie de William Herschel à partir des comptages d'étoiles qu'il effectue et communique à la Royal Society en 1785 dans un rapport intitulé *De la structure des cieux*. Le plus gros point représente le Soleil, situé, selon Herschel, « au centre d'une gigantesque agglomération, ramifiée et composite, de plusieurs millions d'étoiles ».

astronome néerlandais. En s'appuyant sur des « comptages stellaires » bien plus minutieux et plus approfondis que ceux de Herschel, il attribue à la Galaxie la forme d'un disque légèrement aplati, dont le diamètre est de l'ordre de 30 000 al.

Mais Kapteyn est toujours convaincu que le Soleil occupe le centre de la Galaxie. Cependant, vers 1920, l'astronome américain Harlow Shapley démontre que la distribution des amas globulaires (voir p. 70) est excentrée par rapport au Soleil ; donc, en admettant par commodité que les amas stellaires se répartissent autour du centre galaxique, le Soleil occupe une position périphérique par rapport au système stellaire. On s'accorde aujourd'hui à décrire la Galaxie, vue de face, comme une spirale dont la matière tourne autour du centre (voir fig. ci-dessous) et, vue par la tranche (voir p. 70), comme un disque lenticulaire présentant une partie centrale renflée, le bulbe.

Toutefois, même Shapley est convaincu que la Galaxie est l'Univers entier. En déterminant la distance des amas globulaires, il démontre que le diamètre du système stellaire est de l'ordre de 300 000 al. Mais on soupçonne déjà depuis un certain temps que certains types de nébuleuses visibles au télescope, les nébuleuses spirales, se trouvent absolument en dehors de la Galaxie et, donc, que l'univers s'étend bien au-delà : Herschel lui-même partage ces vues. En 1920 a lieu un célèbre débat auquel prennent part Harlow Shapley et, partisan de cette dernière hypothèse, Heber Curtis. Ce dernier vient à l'essentiel et, sans pour autant porter le coup fatal, commence à faire passer l'idée parmi ses collègues astronomes que l'Univers s'élargit bien au-delà du système sidéral.

En 1924-1925, les études d'Edwin Hubble sur les galaxies proches M 31, M 33 et NGC 6822 démontrent de façon indiscutable que celles-ci se trouvent au moins trois fois plus loin que le maximum attribué au diamètre de la Galaxie par Shapley.

Entre 1922 et 1936, le même Hubble propose une première classification des galaxies en trois grandes catégories, d'après leur apparence : les elliptiques, subdivisées selon leur degré d'aplatissement, pouvant aller d'une sphère (E0) à une forme très aplatie (E7) ; les spirales, normales et barrées ; les irrégulières, qui n'ont pas une structure bien définie. Hubble identifie, en outre, une catégorie de galaxies intermédiaires entre les spirales et les elliptiques : les lenticulaires, ou S0, qui ont une structure en forme de disque, mais sont dépourvues de bras spiraux.

Ces années-là, le grand astronome pose les fondements de la cosmologie moderne et de la découverte d'un Univers qui serait en expansion rapide, fourmillant de galaxies situées à des distances considérées jadis comme absurdes : jusqu'à des milliards d'années-lumière.

Ci-dessus, la Voie lactée dans les constellations du Scutum (le Bouclier) et de l'Aquila (l'Aigle). Photo de Gabriele Vanin prise depuis le refuge Lagazuoi dans les Dolomites. Bien que très visible encore, la Voie lactée n'est pas aussi dense que sur la photo de la page précédente, car nous nous éloignons du centre galactique.

■ Temps d'exposition de 5 min ; objectif de 35 mm de diamètre f/2,8 sur diapositive Scotchchrome 3200.

À droite, modèle le plus récent de la Voie lactée : elle serait une galaxie spirale intermédiaire entre une spirale normale et une spirale barrée, autrement dit, le bulbe central s'allonge pour former une sorte de barre.

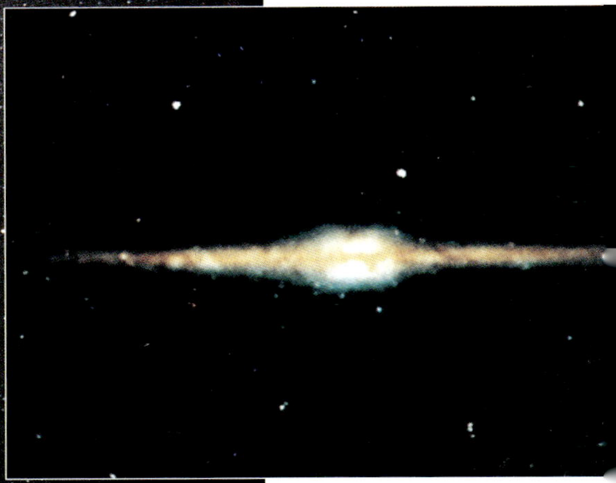

Sur cette page, deux clichés de l'aspect de la Galaxie : ce que l'on peut faire de mieux, en se tenant à l'intérieur.
Sur la grande photo : panoramique de la Voie lactée prise d'Australie par Aldira Fugii avec un objectif de 15 mm de diamètre f/2,8 sur pellicule Fujichrome 1600 D ; exposition de 10 min.
En bas : représentation en fausses couleurs du rayonnement infrarouge à 1,2, 2,2 et 3,4 micromètres des 13 000 al du centre de la Voie lactée. Les clichés ont été pris avec l'instrument destiné au relevé du rayonnement infrarouge diffuse (DIRBE) à bord du COBE *(Cosmic Background Explorer)*, satellite de la NASA chargé de l'étude du rayonnement thermique cosmique. Ces images rappellent sensiblement l'allure des galaxies spirales extérieures vues par la tranche.

Il n'a pas été aisé de comprendre comment est faite notre Galaxie : c'est comme chercher à établir la carte d'une ville de l'intérieur, sans la possibilité d'une reconnaissance aérienne. Une étude importante a été réalisée pour rechercher les bras spiraux. Puisque ceux-ci sont toujours le lieu de formation massive des nouvelles étoiles, il suffit de chercher les traces associées à cette génération continue d'étoiles. Ces traces signalent la présence d'étoiles chaudes et jeunes (comme les étoiles de Wolf-Royet, dont la température de surface peut atteindre 50 000 °C, ou les céphéides à période très variable), de régions d'hydrogène ionisé par le rayonnement ultraviolet produit, ainsi que d'amas ouverts d'étoiles très jeunes. Autant d'indices de l'action de compression exercée par le gaz qui constitue les bras spiraux. Ces indicateurs permettent de connaître la structure des bras au voisinage du Soleil. La structure spirale est notamment observée à la longueur d'onde de 21 cm émise par l'hydrogène neutre dont sont formés les bras, détectable à l'aide de radiotéléscopes. Il suffit de connaître la position de la source par rapport à nous et sa vitesse d'éloignement pour évaluer, à l'aide de formules appropriées, sa distance.

Le centre de la Galaxie est le siège de phénomènes énergétiques de grande ampleur, mais il est complètement opaque au rayonnement visible, celui-ci étant fortement affecté par des poussières absorbantes (qui rougissent le disque visible révélé sur l'image de COBE à la page ci-contre), parsemées entre le système solaire et le bulbe central. Toutefois, le noyau galactique peut être étudié en utilisant les rayonnements dont la longueur d'onde est supérieure à la dimension des grains de poussière interstellaire : précisément les émissions radio et infrarouge. Les deux photographies radio de cette page ont été effectuées au Very Large Array (VLA), un radiotélescope implanté au Nouveau-Mexique (É.-U.) et doté de vingt-sept antennes, disposées en Y, fonctionnant simultanément.
En bas, on distingue une région de 230 al de diamètre autour du centre galactique. À droite, une zone d'émission radio de grande puissance : la radiosource Sagittarius A (Sgr A). Au centre, le point jaune représente Sgr A, une source d'ondes radio compacte qui marque la position du noyau.
À gauche, l'ensemble des filaments correspond à l'émission continue d'électrons à grande énergie, spiralant autour des lignes de force d'un puissant champ magnétique.

■ Cliché de F. Yusef-Zadeh, M. R. Morris et D. R. Chance ; longueur d'onde de 20 cm, résolution de 5 x 8" d'arc.

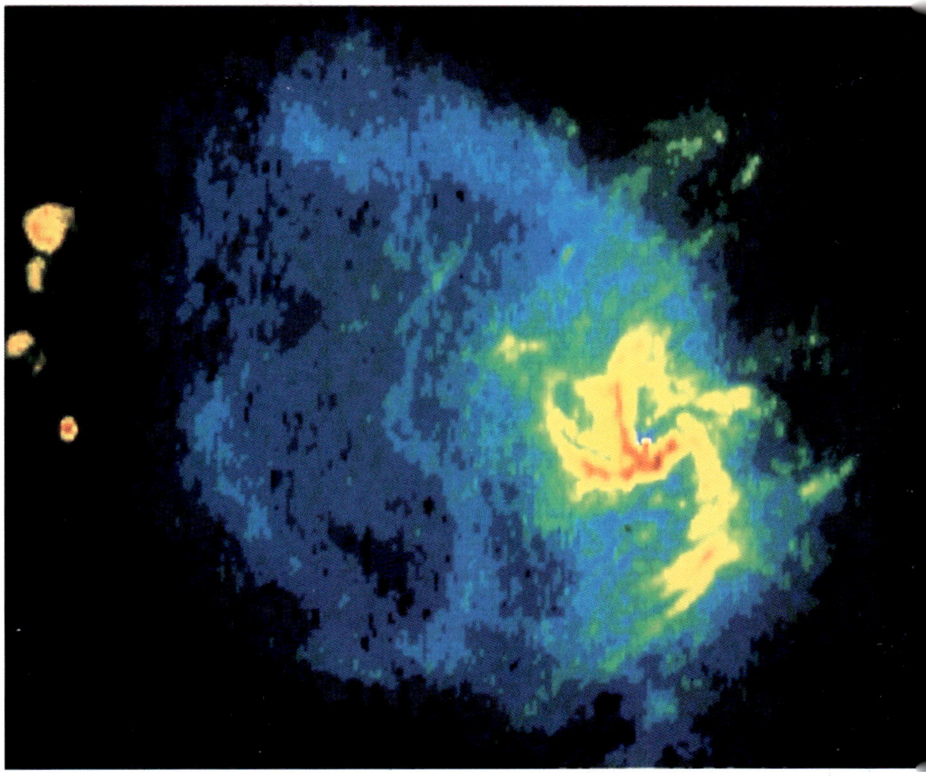

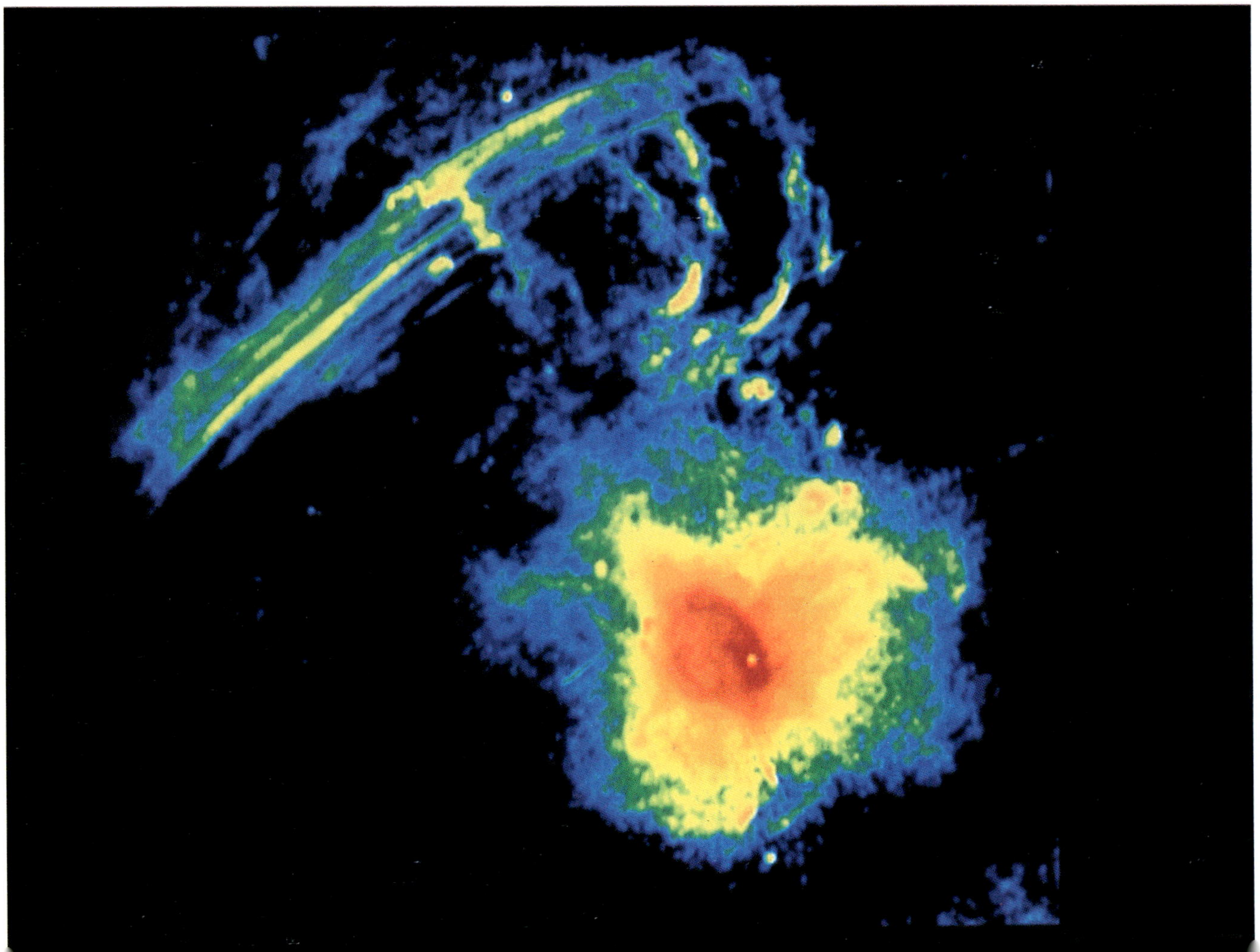

Ci-dessus, une étude plus précise montre la résolution de Sgr A en Sgr A Est, dont l'énergie proviendrait des explosions de supernovae (à gauche) et Sgr A Ouest, une structure en spirale formée par le gaz ionisé qui semble tomber vers le centre galactique, marqué par la source Sgr A* (indiquée ici par un rouge plus vif). Au voisinage se trouve un amas d'étoiles d'une densité de 100 000 étoiles/al^3. Dans l'une des deux structures se trouverait un énorme trou noir, peut-être le véritable cœur de la Galaxie.
■ Photographie de W. M. Goss, R. D. Ekers, J. H. van Gorkom et U. J. Schwarz, longueur d'onde de 20 et 6 cm, résolution de 1,3 x 2,5" d'arc (côté : 45 al).

Les Nuages de Magellan sont de petites galaxies irrégulières, considérées comme des satellites de la Voie lactée (voir p. 98-99). À gauche : le Grand Nuage, à droite le Petit Nuage.

■ Photo d'Akira Fujii, prise en Australie avec un objectif de 35 mm de distance focale (temps d'exposition 10 min, sur pellicule Fujichrome 1600 D).

Les Nuages de Magellan jouent un rôle clé en astronomie : ils constituent un critère essentiel d'évaluation de distance extragalactique. C'est en comparant entre elles une grande quantité de photos des Nuages que l'Américaine Henrietta Leavitt découvre la relation période-luminosité des céphéides (voir p. 47). En effet, on pouvait raisonnablement supposer que le Grand Nuage et le Petit Nuage constituent des systèmes stellaires réels et physiquement liés et donc que les céphéides visibles dans ces nuages se trouvent situées à peu près à la même distance de la Terre. Autrement dit, leur luminosité apparente diffère de leur luminosité intrinsèque par une constante, fonction de la distance. En dernier ressort, on démontre que les différences de luminosité observées d'une étoile à l'autre ne sont pas seulement apparentes, mais réelles.

NOM	TYPE	MAGNITUDE	DISTANCE (AL)	DIAMÈTRE (AL)
Voie lactée(Milky Way)	S(B)bc			100 000
*Galaxie naine dans le Sagittaire	dSph	3,0	50 000	10 000
*Grand Nuage de Magellan (LMC)	Irr	0,6	170 000	20 000
*Petit Nuage de Magellan (SMC)	Irr	2,8	200 000	15 000
*Galaxie mineure dans la Grande Ourse	dSph	12,4	210 000	1 000
*Galaxie naine dans le Dragon	dSph	11,9	240 000	500
*Galaxie naine dans le Sculpteur	dSph	9,1	260 000	1 000
*Sextant I	E	?	300 000	3 000
*Galaxie naine dans la Carène	dSph	10,6	330 000	500
*Galaxie naine dans le Fourneau	dSph	8,5	450 000	3 000
*Lion I	dSph	11,8	720 000	1 000
*Lion II	dSph	12,3	750 000	500
Galaxie de Barnard (NGC 6822)	Irr	9,3	1 700 000	8 000
IC 5152	Irr	11,7	2 000 000	5 000
Système WLM	Irr	11,3	2 000 000	7 000
Galaxie d'Andromède (M 31)	Sb	4,4	2 200 000	125 000
#M 32	E2	9,0	2 200 000	6 000
#NGC 205	E5	8,6	2 200 000	10 000
#NGC 185	E3	10,1	2 200 000	6 000
#NGC 147	E5	10,4	2 200 000	10 000
#And I	dSph	13,9	2 200 000	2 000
#And II	dSph	13,5	2 200 000	2 000
#And III	dSph	13,5	2 200 000	6 000
Galaxie dans le Triangle (M 33)	Sc	6,3	2 500 000	45 000
IC 1613	Irr	10,0	2 500 000	12 000
LGS 3 dans les Poissons	Irr	15,5	3 000 000	500
Galaxie naine dans Aquarius (Verseau)	Irr	15,3	3 000 000	4 000
Galaxie naine dans le Toucan	dSph	15,3	3 000 000	4 000
IC 10	Irr	11,7	4 000 000	6 000
GR8	Irr	14,6	4 000 000	200
SagDIG	Irr	15,6	4 000 000	5 000
Lion A	Irr	12,7	5 000 000	7 000
Galaxie naine dans Pégase	Irr	12,4	5 000 000	8 000

* Satellites de la Voie lactée
# Satellites de M 31

À gauche, tableau des galaxies du Groupe local. La colonne type se réfère à la classification de Hubble, avec quelques ajouts. La lettre E signifie « elliptique », l'abréviation Irr « irrégulière », tandis que dSph indique les galaxies elliptiques naines (en anglais *dwarf spheroidal*) qui constituent depuis peu une sous-classe des galaxies elliptiques. Les spirales normales sont indiquées par un S, les barrées par SB. Elles se distinguent ensuite en types a, b et c, suivant le degré d'enroulement des bras autour du noyau : a pour les spirales à grand bulbe central et à nombreux bras spiraux, fins et enroulés très serré ; c, pour celles à bulbes très petits et longs bras, très ouverts ; b pour les cas intermédiaires. En 1960, Sidney Van der Bergh introduisait un autre critère morphologique, actualisé en 1980 par Debra et Bruce Elmegreen : les spirales « grande forme », dans lesquelles les bras, longs et symétriques, se déroulent à partir du bulbe central jusqu'aux bords du disque (comme, dans M 51 [voir p. 107]) ; les galaxies « floconneuses » dans lesquelles les bras sont formés de morceaux courts et asymétriques qui confèrent un aspect laineux à la structure ; enfin, les galaxies de type intermédiaire à « bras multiples », dotées de deux bras symétriques dans la partie intérieure du disque, mais possédant de nombreuses ramifications et des bras apparemment indépendants dans les parties extérieures (comme M 74 [voir p. 91]).

Les galaxies tendent généralement à se grouper en associations ou véritables amas. À droite, dessin représentant le Groupe local, auquel appartient la Voie lactée. En bleu sont figurées les galaxies irrégulières, en jaune les spirales, en rouge les elliptiques. Notre groupe, relativement petit, ne comprend qu'une trentaine de membres, qui sont très souvent des satellites des deux galaxies principales : la nôtre et la galaxie M 31 d'Andromède. Son rayon est de l'ordre de 5 millions d'années-lumière. Comme pour notre Galaxie, on ne distingue pas bien la structure des galaxies proches du Groupe local pour diverses raisons : soit elles sont occultées derrière le plan de la Voie lactée, soit elles sont trop éparses et trop faibles pour être identifiées ; de plus, les frontières même du Groupe local sont mal définies.

Le Groupe local est une sorte d'Univers miniature. Toutes les galaxies qui le composent sont suffisamment proches pour être résolues en composantes structurelles, étoiles, nébuleuses et amas, observables avec une relative précision. Cela en fait un excellent banc d'essai pour vérifier nos conceptions sur les distances extragalactiques, l'évolution des galaxies, les populations stellaires, etc.

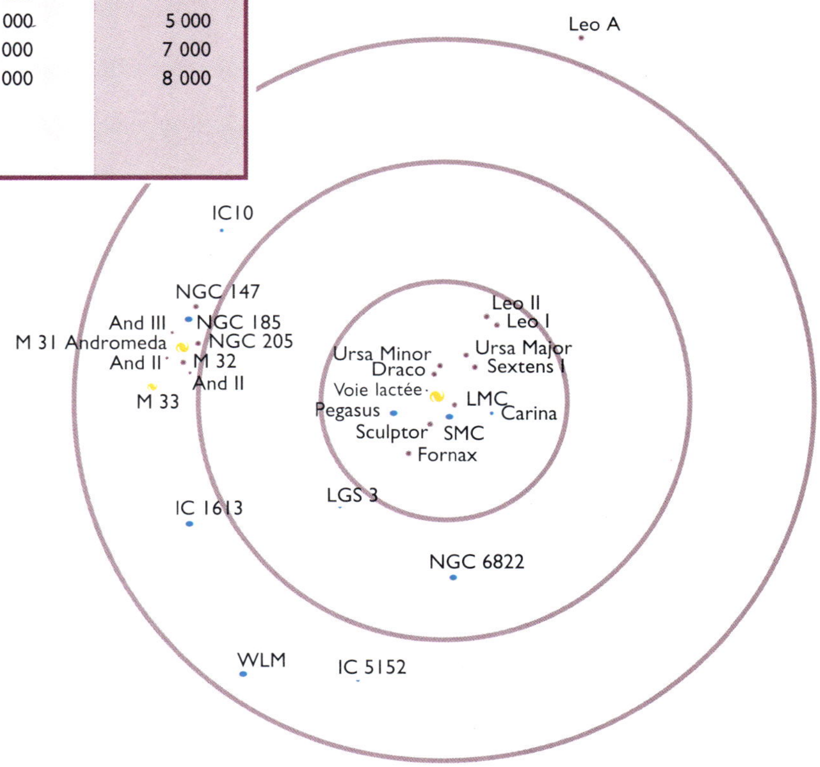

À gauche, la galaxie spirale d'Andromède répertoriée M 31, la plus grande du Groupe local. Elle rassemble environ 300 milliards d'étoiles. Le bulbe central est évalué à environ 12 000 al. Il renferme le véritable noyau galactique, distant de 35 al et qui est double, comme l'a révélé en 1991 le télescope spatial. Il s'y trouverait un trou noir d'une masse d'une cinquantaine de millions de soleils. On ne distingue sur la photo que la forme spirale de la galaxie, au sein de laquelle Baade a identifié sept bras. On aperçoit aussi deux des huit galaxies satellites de M 31 : M 32 et NGC 205.
■ Photo de Tony Hallas, à partir de deux négatifs de Fujicolor Super HG 400 de très grande sensibilité ; exposition de 50 min avec un télescope réflecteur Astro-Physics de 15 cm f/7,5 et une caméra photographique Pentax 6 x 7. On a tiré des négatifs deux transparents de 10 x 13 cm et, de ceux-ci, deux internégatifs, à partir desquels a été composé le produit final.

Ci-dessus, la galaxie spirale M 33 dans le Triangle, la troisième galaxie du Groupe local par ordre de grandeur, après M 31 et notre Galaxie. On distingue clairement, outre la structure des bras spiraux, la présence de quelques régions d'hydrogène ionisé (les taches rouges) et l'absence caractéristique d'un bulbe central.
■ Photo de W. Schoening et N. Sharp sur pellicule Ektachrome ; exposition au foyer primaire du télescope Mayall de 3,8 m du KPNO.

La galaxie d'Andromède a été la première galaxie dont on a évalué la distance : Edwin Hubble, en 1924, se lance dans une étude approfondie des céphéides qu'elle contient. L'évidence s'impose alors que M 31 est un système stellaire complètement extérieur à la Voie lactée (extragalactique). C'est le premier pas vers le concept d'un Univers qui s'étend bien au-delà de notre Galaxie, contrairement à ce que l'on pensait jusqu'alors.

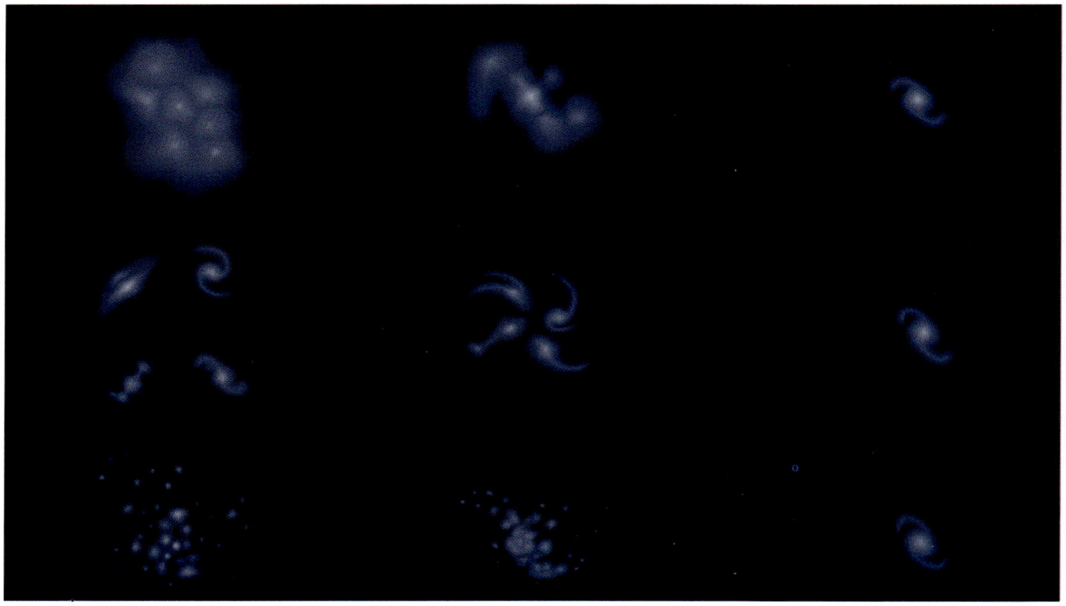

À gauche, plusieurs hypothèses sur la formation des galaxies spirales. Selon Sandage, Eggen et Lynden-Bell (en haut), la galaxie résulte de l'effondrement rapide d'un grand nuage de gaz en rotation. Le modèle de Alar Toomre (au centre) envisage la fusion de nombreux grands agglomérats de gaz. Une variante due à Searie et Zinn (ci-dessous) considère un agrégat à partir de nuages de gaz plus petits et plus nombreux. Probablement le vrai modèle est-il la résultante de ces trois effets conjugués, le premier pouvant fonctionner pour les composantes intérieures de la galaxie, le bulbe central et le halo intérieur, tandis que le halo extérieur pourrait s'être formé à partir de la fusion de fragments de taille variable.

À droite, la galaxie M 83, l'une des galaxies spirales les plus spectaculaires et dont les bras sont le mieux définis. Sur l'image, malgré la grande distance de la galaxie (14 millions d'années-lumière), certaines étoiles très lumineuses sont bien résolues. Le long des bras en spirale, il y a de nombreux amas d'étoiles jeunes, comme celle-ci, de couleur bleuâtre. Les régions roses sont des nébuleuses gazeuses très semblables à notre Galaxie.
■ Photo en trichromie de David Malin, à partir de trois plaques qu'il exposa à l'AAT pendant 30 min.

Plusieurs hypothèses ont été proposées quant à la genèse des bras spiraux à l'intérieur du disque d'une galaxie. Celle qui est accréditée aujourd'hui encore est avancée en 1964 par Frank Shu et Chia-Chiao Lin. Selon les deux scientifiques, les bras spiraux seraient des « ondes de densité », sortes de sillons ou de dépressions d'origine gravitationnelle qui se déplacent dans le disque de la galaxie. Au sein du disque, les étoiles se déplacent plus vite que les ondes et les dépassent ; mais, dans la partie plus extérieure, c'est le contraire qui se produit. Ainsi des poussières et des gaz restés emprisonnés dans les sillons sont fortement comprimés au passage d'un autre gaz, qui est porté par la rotation de la galaxie. La compression finit par générer les bras. En 1972, Alar et Juri Toomre avancent une autre hypothèse : dans certains cas, la structure spirale caractéristique a pour origine l'interaction entre galaxies (voir p. 106) par effet de marée. Selon Philip Seiden et Humberto Gerola en 1978, la forme spirale la plus externe résulterait de l'instabilité des gaz et des explosions de supernovae. Celles-ci amorcent des formations d'étoiles en chaîne, donnant lieu à des déformations dans le milieu interstellaire, qui dégénèrent ensuite en arcs de spirales.

NGC 253, galaxie spirale dans la constellation du Sculpteur (Scl). Distante de 10 millions d'années-lumière, c'est la plus visible du groupe du Sculpteur. Ce groupe, le plus proche, fait partie, avec le Groupe local, du Superamas local (voir p. 101). NGC 253 est comme vue par la tranche, inclinée de 10° par rapport à notre ligne de vision. Cette inclinaison ainsi que la présence de la raie sombre en bas à droite, constituée de poussières barrant la lumière des étoiles qui sont derrière, empêchent de bien distinguer la structure spirale. La présence de la raie absorbante prouve que cette partie de la galaxie est la plus proche de nous. NGC 253 est l'une des galaxies les plus riches en poussières interstellaires, et donc les plus opaques. Son diamètre est de l'ordre de 75 000 al.
■ Image de David Malin, obtenue d'après la technique du masque voilé, à partir de trois clichés en lumière bleue, verte et rouge pris par Ken Freeman à l'AAT ; temps exposition pour chaque plaque : 25 min.

À gauche, NGC 2997 dans la Machine pneumatique, distante de 35 millions d'années-lumière, l'une des plus belles galaxies spirales du ciel. Cette photo offre un parfait exemple de la distribution des étoiles dans une galaxie spirale caractéristique. La couleur bleue des amas et des étoiles de formation plus récente dans les bras ainsi que les petites taches roses des nébuleuses qui les ont générées sont particulièrement visibles. On remarque aussi près du centre la couleur jaune spectaculaire des étoiles plus vieilles.
■ Photo en trichromie de David Malin, avec trois plaques prises par David Carter à l'AAT en lumière bleue, verte et rouge ; exposition de 30, 25 et 45 min.

En bas : M 74, une spirale de type Sc dans la constellation des Poissons, distante de 30 millions d'années-lumière avec un diamètre de 80 000 al. L'élaboration en fausses couleurs met en évidence la structure.
■ Image obtenue avec CCD et chambre cryogène ; exposition de 30 secondes au foyer du télescope Mayall de 3,8 m du KPNO.

Le premier qui découvre la structure spirale des bras de certaines galaxies est William Parsons, troisième comte de Rosse. Entre 1842 et 1844, ce riche dilettante Irlandais construit un gigantesque télescope, le plus grand du monde à l'époque : il comporte un miroir de 1,80 m de diamètre, monté au fond d'un tube de 17 m de long bloqué entre deux murs soutenant les guides entre lesquelles il se déplace. En avril 1845, le « Léviathan » de Parsonstown est orienté sur le cinquante et unième objet du catalogue de Messier. Si, jusqu'alors, M 51 était vu comme une tache ronde laiteuse avec un vaste halo intérieur, Parsons met en évidence la structure de deux bras qui émanent, suivant une trajectoire en spirale.

La galaxie NGC 891 (page ci-contre), comme NGC 4565 dans la Chevelure de Bérénice, constitue le meilleur exemple de galaxie spirale vue par la tranche. Bien que sa structure ne soit révélée que par des photos de longue exposition, la bande sombre de poussières absorbantes avait déjà été détectée par le comte de Rosse avec son Léviathan et reproduite dans les dessins qu'il réalisa lui-même vers 1850. Pour son contemporain John Herschel, l'observation visuelle de la galaxie suggère l'idée d'un anneau plat et fin, de taille colossale, vu de biais. L'une des premières photographies de NGC 891 a été prise par Isaac Roberts, célèbre photographe de la galaxie d'Andromède (voir p. 11). En 1891, il expose une plaque avec son réflecteur de 51 cm, où l'on distingue la bande sombre, aussi clairement visible, ou presque, que sur les photographies modernes.

Page ci-contre, NGC 300, galaxie spirale dans le groupe du Sculpteur. Un peu plus proche de NGC 253, elle est distante de 7 millions d'années-lumière. Avec son tout petit noyau, elle ressemble à M 33. Les nébuleuses diffuses ici semblent distribuées au hasard. NGC 300 contient moins de poussières que les autres galaxies, elle est donc plus transparente. ■ Photo en trichromie d'après trois plaques exposées au 3,6 m de l'ESO.

En haut, notre Galaxie telle qu'elle apparaîtrait si on l'observait de l'extérieur le long du disque galactique. Il s'agit en fait ici de NGC 891, galaxie spirale vue en tranche dans Andromède, qui montre une bande sombre formée de poussières ; bien que constituant moins de 1 % de la masse totale, ce nuage de poussières est concentré principalement dans le disque, où il absorbe la lumière des étoiles et des nébuleuses situées derrière. ■ Photo en trichromie de David Malin d'après des plaques exposées avec le télescope d'Isaac Newton de 2,5 m des Canaries par l'équipe de l'INT ; temps expositions : 35, 40 et 30 min.

En bas, la galaxie NGC 7331 dans Pégase. Distante de 45 millions d'années-lumière, elle est légèrement plus grande que la Voie lactée, avec un diamètre de 140 000 al. ■ Cliché de William Miller avec le télescope Schmidt de 122 cm du mont Palomar.

À droite, la galaxie NGC 4535 dans la constellation de la Vierge. Il s'agit d'une galaxie de type S(B)c, autrement dit d'un objet barré où les bras en spirale, au lieu de s'échapper du noyau, se rattachent à une barre axée sur le noyau central. Les clichés les plus récents ont montré la ressemblance frappante de cette galaxie avec la Voie lactée. Mais elle est un peu plus grande que notre Galaxie, avec un diamètre de 150 000 al. Sa distance est de 75 millions d'années-lumière. C'est l'un des membres les plus éloignés de l'amas de galaxies de la Vierge.

■ Photographie prise à l'observatoire national de Kitt Peak (KPNO).

À gauche, la galaxie spirale barrée M 91, dans la constellation de la Chevelure de Bérénice. Pendant très longtemps, M 91 est resté un objet fantôme dans le catalogue de Messier : on pensait, en effet, que l'objet observé par l'astronome français en 1781 était en réalité une comète non reconnue comme telle. Elle a été par la suite identifiée à la galaxie NGC 4548.

■ Cliché obtenu au KPNO.

Page ci-contre, NGC 1365, de type spirale barrée, est la plus grande galaxie appartenant à l'amas du Fourneau ou Fornax (voir p. 102).
De taille considérable, avec un diamètre de 170 000 al, elle présenterait la structure la mieux définie de la barre centrale.

■ Image obtenue par la composition de trois plaques exposées en lumière bleue, verte et rouge à l'aide du télescope Schmidt de 1 m de l'ESO.

La première reconnaissance de la forme barrée dans les galaxies spirales remonte à 1918. Cette année-là, Heber Curtis observe des objets ayant « une bande de matière qui traverse le noyau et les parties internes de la spirale ». Il les appelle galaxies spirales de type Φ, car elles évoquent pour lui la forme de la lettre grecque. C'est Hubble qui, en 1926, utilise le terme de spirales barrées. Il s'aperçoit aussi qu'elles sont bien moins fréquentes que les spirales normales, dont elles semblent posséder les propriétés générales. Aujourd'hui, on considère qu'un tiers environ des spirales sont barrées.
On ne connaît pas les raisons précises qui font que, dans une galaxie, se forme une barre au lieu d'un renflement central ou bulbe. Il est possible que la naissance de la barre représente une tendance organisée dans le mouvement apparemment chaotique des étoiles d'une galaxie disposées sur des orbites relativement stables. À cet égard, la barre centrale pourrait être le signe d'un équilibre exactement comme la perche horizontale d'un funambule. Par ailleurs, la formation de barres centrales cadre parfaitement avec la théorie des ondes de densité que Shu et Lin ont formulée à propos de la genèse des bras en spirale.

Selon des théories récentes, la formation des galaxies elliptiques est due à la fusion de galaxies « disque ». Cette fusion résulterait en une formation stellaire paroxystique, qui entraînerait la consommation rapide de tout le gaz. Cela expliquerait que les étoiles des elliptiques soient bien plus vieilles que celles des spirales, comme en témoigne la couleur jaune de la galaxie M 87, visible à gauche.
■ Photographie de David Malin, d'après des plaques prises avec Russell Cannon ; temps d'exposition : 30, 25 et 50 min.

En bas, galaxie elliptique NGC 1199 (à gauche), avec une compagne de type spirale barrée et une autre lenticulaire. La différence de couleur des trois galaxies met en lumière la diversité de composition des étoiles.
■ Photo en trichromie d'après trois clichés CCD pris par N. Sharp avec le 90 cm du KPNO.

Page ci-contre, NGC 5128 dans la constellation du Centaure. Cette radiogalaxie elliptique résulte d'une interaction entre deux galaxies, qui serait toujours en cours : en témoignent la nébulosité à l'intérieur de la grande bande sombre d'absorption, siège visible d'une intense formation d'étoiles, ainsi que la puissante émission d'ondes radio émanant du cœur de la galaxie (dite radiosource Centaurus A).
■ Photo en trichromie de David Malin à partir de trois plaques, qu'il réalisa avec Ray Sharples à l'AAT ; temps d'exposition : 85, 90 et 80 min.

Les galaxies irrégulières sont généralement petites et souvent situées à proximité de grandes galaxies elliptiques ou spirales. Elles sont peut-être le résultat d'une perturbation à laquelle serait dû leur aspect amorphe ou chaotique. Il existe, par ailleurs, des galaxies irrégulières isolées et assez massives. Dans les galaxies irrégulières, la formation stellaire est plus lente et plus constante que dans les elliptiques et elles conservent encore un pourcentage du gaz d'origine. Le Grand Nuage de Magellan, galaxie satellite de la Voie lactée, est considéré comme l'archétype des galaxies irrégulières. C'est également la plus proche. Sa proximité et la diversité de ses populations stellaires par rapport à la Galaxie en font un laboratoire astrophysique d'une valeur inestimable où vérifier nos théories sur l'évolution des étoiles.
■ Photo en trichromie de David Malin utilisant des plaques de l'UKS prises par Liz Sim ; temps d'exposition : 40, 40 et 60 min.

Ci-dessous, NGC 55, dans le groupe voisin du Sculpteur, est définie à la fois comme une spirale vue par la tranche et comme une galaxie irrégulière, cette seconde interprétation étant sans doute la plus probable. Elle serait très semblable au Grand Nuage de Magellan, même s'il est très difficile d'en reconstituer l'aspect, à cause de la perspective défavorable. NGC 55 présente une sorte de renflement ou grande barre et un disque diffus. Le renflement, contrairement à ce qui se passe dans les galaxies spirales, n'occupe pas une position centrale, mais est situé sur un bord du disque. Apparemment, le centre de gravité de la galaxie ne coïncide pas avec le bulbe. Le disque possède une structure complexe, dans laquelle peuvent se résoudre facilement quelques étoiles brillantes. Son diamètre est d'environ 40 000 al.
■ Photo composite obtenue par trois plaques exposées avec le télescope de 3,6 m de l'ESO.

Ci-dessus, M 82 dans la Grande Ourse est l'archétype des galaxies irrégulières de type II, caractérisées par une structure extrêmement chaotique et par la présence de filaments brillants qui semblent émerger du noyau. M 82, une radiosource, est fortement perturbée par sa voisine M 81 ; elle est distante de 16 millions d'années-lumière et son diamètre est de 50 000 al.
■ Photo obtenue par William Miller à l'aide du télescope Hale de 50,8 m du mont Palomar.

Les Nuages de Magellan (p. 84 et ci-contre) sont les deux perles précieuses du ciel austral. Quiconque peut les distinguer à l'œil nu comme deux nuages effilochés, deux fragments sectionnés de la Voie lactée, suspendus dans le ciel. Ils étaient certainement déjà connus par les Portugais sur la route du cap de Bonne-Espérance et par Vespucci, explorateur de l'Amérique du Sud ; mais le premier qui écrivit à leur sujet est le navigateur florentin Andrea Corsali en 1517 : « Nous avons vu deux nuages particulièrement brillants se déplacer autour du pôle, apparaissant et disparaissant sans cesse en décrivant un mouvement circulaire. » Toutefois, leur nom est lié à la Relation d'Antonio Pigefetta rédigée durant la circumnavigation de Magellan ; le navigateur écrivait en décembre 1520 : « On distingue des quantités de petites étoiles toutes proches, qui forment comme deux nuages à peine séparés l'un de l'autre et un peu flous. »

Région voisine du centre de l'amas de galaxies de la Vierge, le plus proche et qui occupe donc une surface très étendue dans le ciel. Il s'agit d'un amas irrégulier, dont les membres sont quelque peu séparés, sans condensation centrale, et rassemblant des galaxies tant spirales (70 %) qu'elliptiques. La zone de plus forte concentration de galaxies, illustrée ici, comprend les elliptiques géantes M 84 (à droite) et M 86 (au centre). Toutefois, le centre dynamique de l'amas est localisé au voisinage de la plus grosse galaxie que l'on connaisse : M 87 (voir p. 97).

NOMS	DISTANCE (AL)	NOMBRE DE GALAXIES	DIAMÈTRE (AL)
Vierge	55 000 000	2 500	14 000 000
Fourneau I	60 000 000		7 000 000
Fourneau II	65 000 000		8 000 000
Poupe	70 000 000		
Hydre I	120 000 000		
Centaure	130 000 000	300	7 000 000
Pégase I	160 000 000	100	3 000 000
Cancer	200 000 000	150	15 000 000
Persée	220 000 000	500	15 000 000
Abell 194	220 000 000		1 000 000
Abell 1367	250 000 000		
Chevelure de Bérénice	270 000 000	800	25 000 000
Abell 400	290 000 000		
Abell 2197	370 000 000		
Abell 2199	375 000 000		1 000 000
Lion A	430 000 000		
Hercule	450 000 000	300	1 000 000
Abell 2152	470 000 000		
Pégase II	520 000 000		25 000 000
Grande Ourse I	620 000 000	300	10 000 000
Haufen A	650 000 000		
Lion	800 000 000	300	10 000 000
Couronne Boréale	880 000 000	400	10 000 000
Gémeaux	950 000 000	200	10 000 000
Bouvier	1 600 000 000	150	12 000 000
Grande Ourse II	1 700 000 000	200	12 000 000
Hydre I	2 500 000 000		

Tableau des principaux amas de galaxies connus, en ordre de distance croissant par rapport à nous. Les amas de galaxies sont de différents types, un peu comme les galaxies. On distingue ainsi les amas globulaires ou sphériques, de structure semblable à une galaxie elliptique, dans lesquels les membres les plus importants sont des galaxies elliptiques et de type SO ; un exemple typique en est l'amas de la Chevelure de Bérénice. Les amas irréguliers, comme celui de la Vierge (ci-dessus) présentent une distribution des galaxies, surtout spirales, chaotique comme celle des étoiles dans les galaxies irrégulières géantes. Enfin, les amas de forme intermédiaire semblent souvent constitués de conglomérats elliptiques au centre, avec un halo périphérique étendu, comparables à maints égards aux galaxies en disque. Ils sont formés de galaxies de tout type sans traits distinctifs. La taille des amas sphériques et intermédiaires est de l'ordre de quelques dizaines de millions d'années-lumière, tandis que les irréguliers, qui ont des dimensions très variables, peuvent même être très petits.

Avant même que les galaxies ne soient identifiées comme des systèmes indépendants et complètement extragalactiques, on avait observé leur tendance à se grouper dans certaines régions célestes plutôt que dans d'autres. Dès 1933, Harlow Shapley publie un premier catalogue de 25 amas de galaxies ; en 1958, George Abell dresse une liste de 2 712 amas et, entre 1960 et 1968, Fritz Zwicky en répertorie 9 134.

Page ci-contre, dessin illustrant les cinquante autres groupes de galaxies, comparables à notre Groupe local, catalogués par l'astronome franco-américain Gérard de Vaucouleurs dans un rayon de 50 millions d'années-lumière. Les groupes sont représentés comme des sphères de diamètre proportionnel à leur taille. Chaque groupe est indiqué par un numéro en ordre progressif et par le nom de la constellation dans laquelle il apparaît projeté dans le ciel ou par celui de la galaxie principale. Au centre se trouve le Groupe local. À noter, la concentration des groupes vers la droite : ils font partie d'un système de vastes dimensions, le Superamas local, centré sur l'amas de la Vierge.

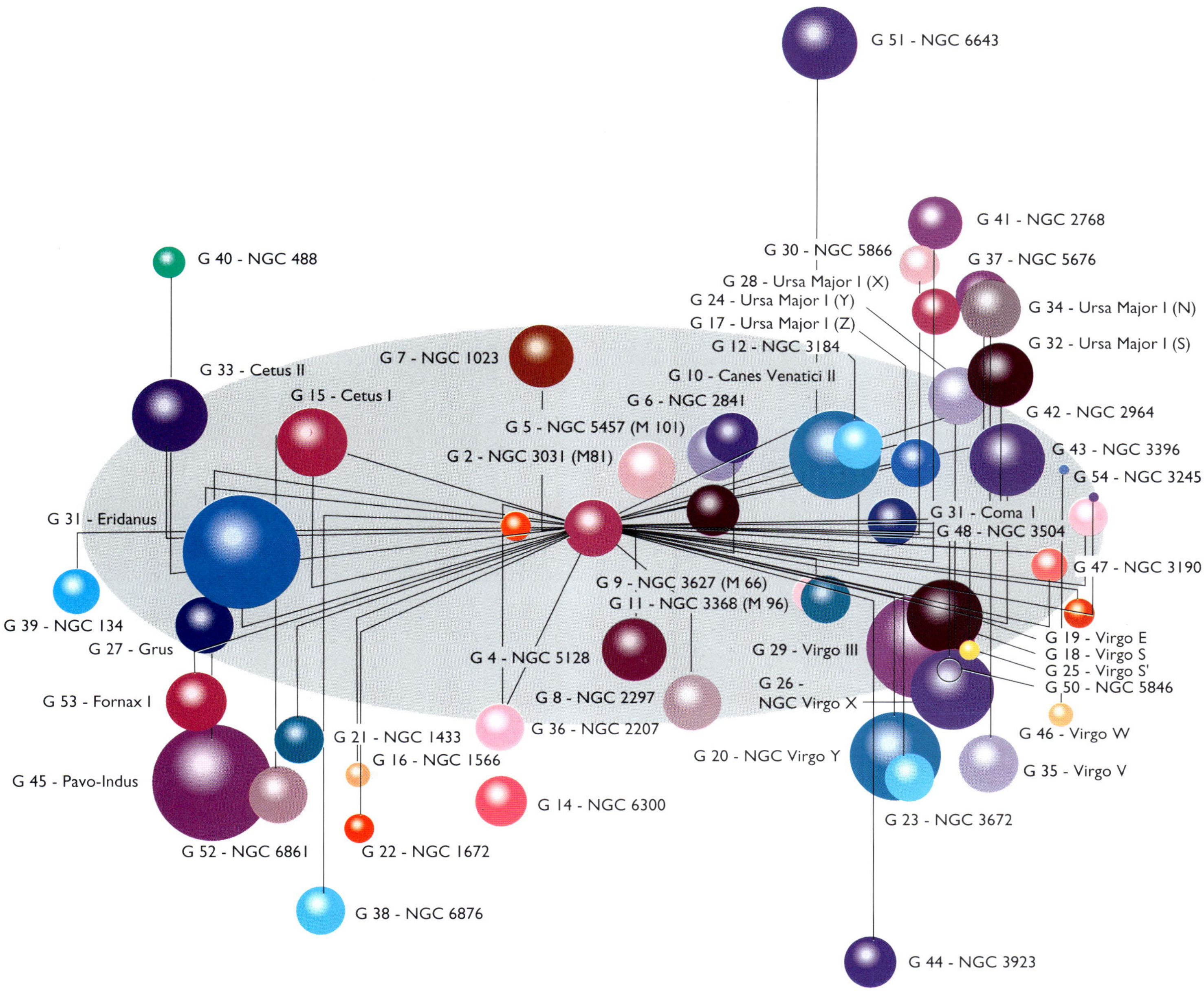

On trouve déjà des traces du Superamas local de galaxies dans les premiers catalogues d'objets nébuleux établis par William Herschel et par son fils John dans la première moitié du XIXe siècle. Ils mettent en évidence une concentration de nébuleuses dans l'hémisphère galactique boréal, due à la position périphérique de notre galaxie par rapport à ses voisines. Dans les années 1920, Knut Lundmark et J. H. Reynolds notent une concentration très forte des nébuleuses (alors nom des galaxies) plus grandes le long d'un immense cercle sur la sphère céleste, mais ne lui attribuent pas de signification particulière. Pour Gérard de Vaucouleurs, cette concentration peut être la trace d'un supersystème légèrement aplati, précisément le Superamas local, centré sur l'amas de la Vierge et contenant plusieurs dizaines de groupes de galaxies ainsi que des galaxies réparties entre ces groupes. On considère actuellement que le Superamas local a un diamètre de l'ordre de 100 millions d'années-lumière, qu'il possède un noyau formé d'au moins onze amas de galaxies et un halo constitué par une cinquantaine d'autres amas et par des milliers de galaxies isolées. De même, le Superamas local serait relié par des ponts de matière gazeuse à d'autres superamas lointains.

L'amas de galaxies Fourneau I (Fornax I), le plus proche après celui de la Vierge. Il s'agit d'un amas de type sphérique, dominé par la présence des galaxies elliptiques comme les lumineuses NGC 1399 (*la plus brillante*) et NGC 1404 (en haut). La spirale barrée NGC 1365 est également bien visible (détail p. 95), en bas à gauche. Ce cliché, comme celui de l'amas de la Vierge (p. 100), montre à l'évidence que la photographie en couleurs d'objets très lointains est de moins en moins valable, car les téléscopes ont du mal à détecter chaque population stellaire au sein des galaxies.
■ Composition de David Malin réalisée à partir de trois clichés pris à l'UKS en lumière bleue et verte par Peter Standen avec un temps d'exposition de 40 et 50 min, en lumière rouge par Malcolm Hartley avec un temps d'exposition de 60 min. En utilisant une plaque en lumière bleue avec un temps d'exposition de 90 min et traitée selon le procédé du masque voilé, Malin a mis en évidence, autour de NGC 1399, de nombreuses images d'amas globulaires appartenant à la galaxie (faiblement visibles également sur ce cliché) ainsi que de nombreuses galaxies localisées derrière.

La constellation australe du Fourneau I (Fornax I) a été observée au XVIIIe siècle par l'astronome français Nicolas Louis de La Caille, ainsi que treize autres nouvelles constellations, comme il ressort de la récente révision de la cartographie du ciel méridional. Ces découvertes ont porté le total des constellations connues à quatre-vingt-huit. Ces travaux, accomplis à Table Mountain, à proximité du cap de Bonne-Espérance, ont permis d'établir un planisphère contenant les nouvelles constellations, et aussi de dresser un nouveau catalogue, d'élaboration ardue, de 10 000 étoiles méridionales. Ce travail a valu à La Caille le surnom de « Colombe des cieux australs ». Les noms des nouvelles constellations ont été inspirés, d'instruments de la science, de la technique et des arts. Ainsi trouve-t-on, à côté du Fourneau, la Boussole, le Sculpteur, l'Horloge, le Télescope, la Machine Pneumatique.

En haut, l'amas de galaxies du Centaure, photographié à l'aide du télescope de 4 m de diamètre du CTIO au Chili.

Ci-dessus, l'amas irrégulier de Persée, photographié à l'aide du télescope Mayall de 3,8 m du KPNO.
Du fait de la proximité de notre plan galactique, cette photographie montre un grand nombre d'images d'étoiles, et pas seulement de galaxies. Le cœur de l'amas est dominé par NGC 1275 (voir p. 127), une galaxie de Seyfert associée à la puissante radiosource Perseus A (Persée A). L'amas en question contient également plusieurs autres radiosources.

À ce stade, le lecteur doit savoir que, lorsque des galaxies et des amas de galaxies sont désignés par le nom de telle constellation, cela ne signifie nullement l'existence d'un lien physique entre galaxie ou amas et constellation. Autrement dit, les galaxies et amas de galaxies se projettent uniquement dans cette région du ciel, mais sont infiniment plus lointains que les étoiles visibles, qui appartiennent toutes à notre Galaxie et ne sont distantes en moyenne que de quelques centaines d'années-lumière. Par ailleurs, les constellations même résultent d'un simple effet de perspective, car les astres qui les composent se trouvent à des distances très variables de nous. Donc, en observant le ciel, on n'a absolument aucune idée de sa « profondeur » ; on voit ce que les Anciens eux aussi percevaient mais que, contrairement à nous, ils tenaient pour réel, c'est-à-dire que les étoiles et les autres objets semblent tous situés à la même distance. Nul doute que de nombreux noms d'amas et de galaxies ont été attribués à des époques où l'on ignorait que ces objets étaient en réalité extérieurs à notre Galaxie ; même par la suite, les astronomes ont attribué par commodité des noms de galaxies et d'amas lointains en les insérant dans un contexte fondé sur le point de vue de l'observateur.

Les galaxies elliptiques supergéantes NGC 4889 et NGC 4874 ainsi que trois cents autres plus petites, toutes elliptiques, au centre de l'amas de la Chevelure de Bérénice. Il s'agit d'un amas sphérique caractéristique avec une forte concentration centrale, c'est-à-dire dotée d'une structure comparable, mais à plus grande échelle, à celle d'un amas globulaire ou d'une galaxie elliptique. Les spirales se trouvent en position périphérique.
■ Cliché obtenu avec le télescope Mayall de 3,8 m du KPNO et élaboré sur ordinateur afin de rendre les couleurs réelles des galaxies.

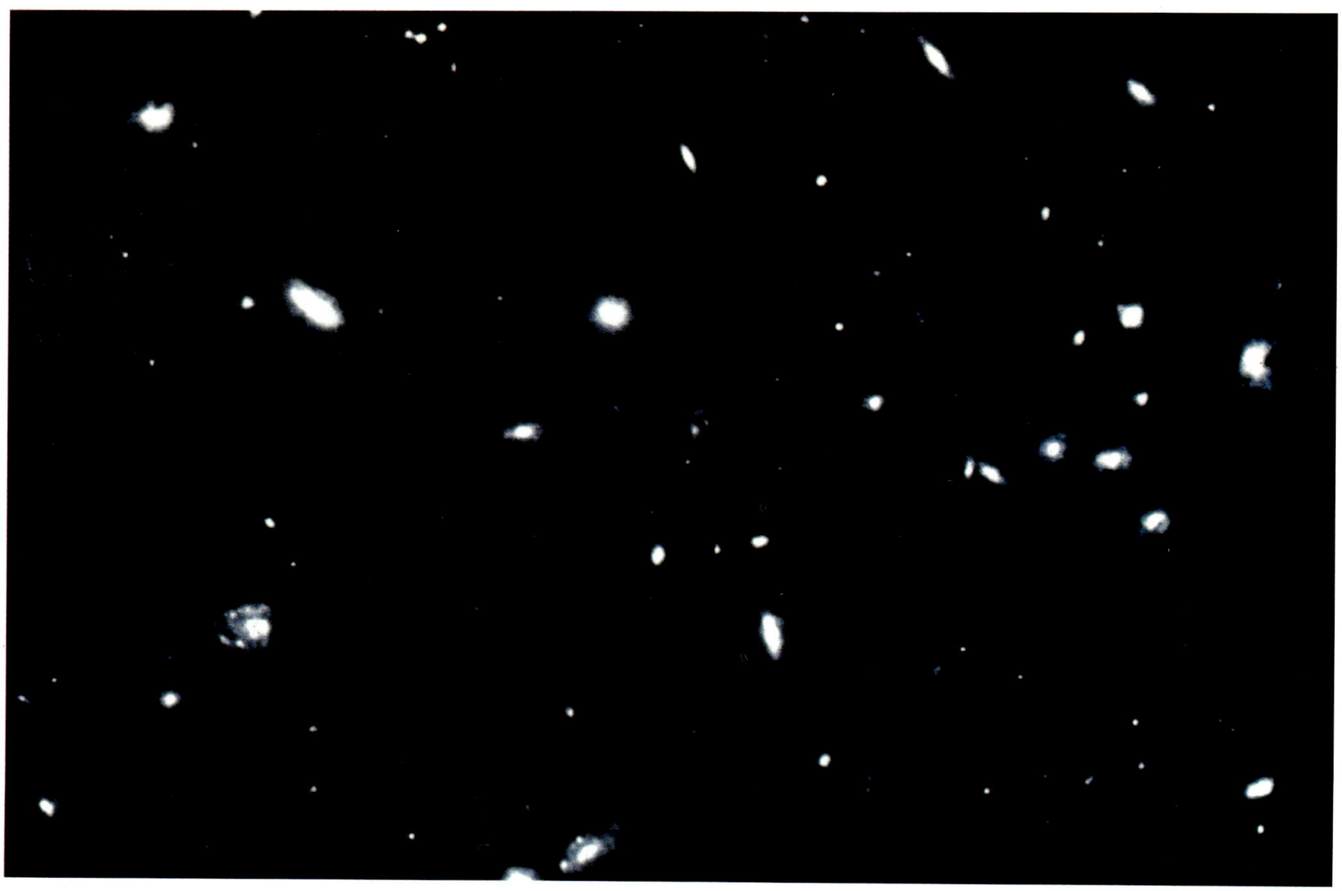

Portion de l'amas de galaxies CL 0939+4713 distant de 4 milliards d'années-lumière. Cliché obtenu à l'aide du télescope spatial. On distingue plusieurs types de spirales et de galaxies en collision, dont les gaz ont été arrachés ou se fondent entre eux. Il semblerait, d'après le cliché, qu'à des époques reculées il y avait beaucoup plus de spirales que maintenant. Elles peuvent avoir disparu depuis pour diverses raisons, notamment fusion, dissolution, destruction violente.
■ Composition à partir de six poses réalisées par Alan Dressler de la Carnegie Institution et par une équipe de la NASA composée de J. E. Gunn, A. Oemler et H. Butcher avec la WF/PC-1 à grand champ.

À droite, diagramme illustrant la distribution de plusieurs milliers de galaxies des hémisphères célestes Nord (en haut) et Sud (en bas). La carte nord a été établie par Margaret Geller et John Huchra de l'Harvard Smithsonian Center for Astrophysics ; la carte sud est due à Louis Nicolaci da Costa. Le travail porte sur quelque 6 000 galaxies dans l'hémisphère Nord et 3 000 dans l'hémisphère Sud, couvrant un espace correspondant à 500 millions d'années-lumière de rayon de la Terre. Il ne s'agit donc absolument pas de l'Univers entier, mais quand même d'une fraction significative de celui-ci.
Première observation : contrairement à ce que l'on pourrait croire, la distribution des galaxies n'est pas homogène ; elles sont réparties en filaments denses et fins et en grands vides. À titre d'exemple, on a trouvé au nord une structure appelée la « Grande Muraille », une condensation qui traverse la région du ciel étudiée, sur 500 millions d'années-lumière. On observe aussi une structure comparable, de même taille, dans la partie méridionale ; utilisée pour contourner certains vides très étendus, elle a été appelée « Muraille méridionale ».

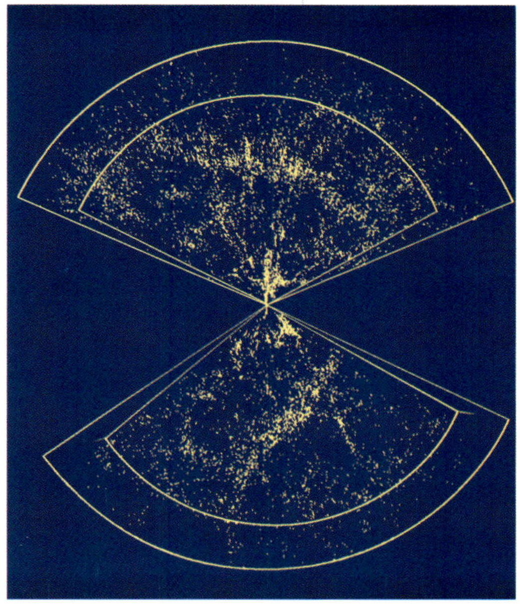

En bas, carte établie en 1990 après six mois d'observations du radiomètre différentiel à micro-ondes (DMR) à bord du satellite COBE de la NASA à une longueur d'onde de 5,7 mm. La carte représente en un certain sens le fossile le plus ancien existant, soit l'aspect de l'Univers environ 0,5 million d'années après la grande explosion ou Big Bang, qui lui a donné naissance quand il s'était assez refroidi en se dilatant jusqu'à devenir transparent aux radiations. Les zones bleues et roses sont des régions relativement plus chaudes et plus froides dans l'Univers primordial : elles représentent de légères fluctuations qui pourraient être à la base de la formation d'anisotropies en mesure de constituer plus tard les noyaux d'agrégat à partir desquels auraient pu se former des galaxies et les amas de galaxies.

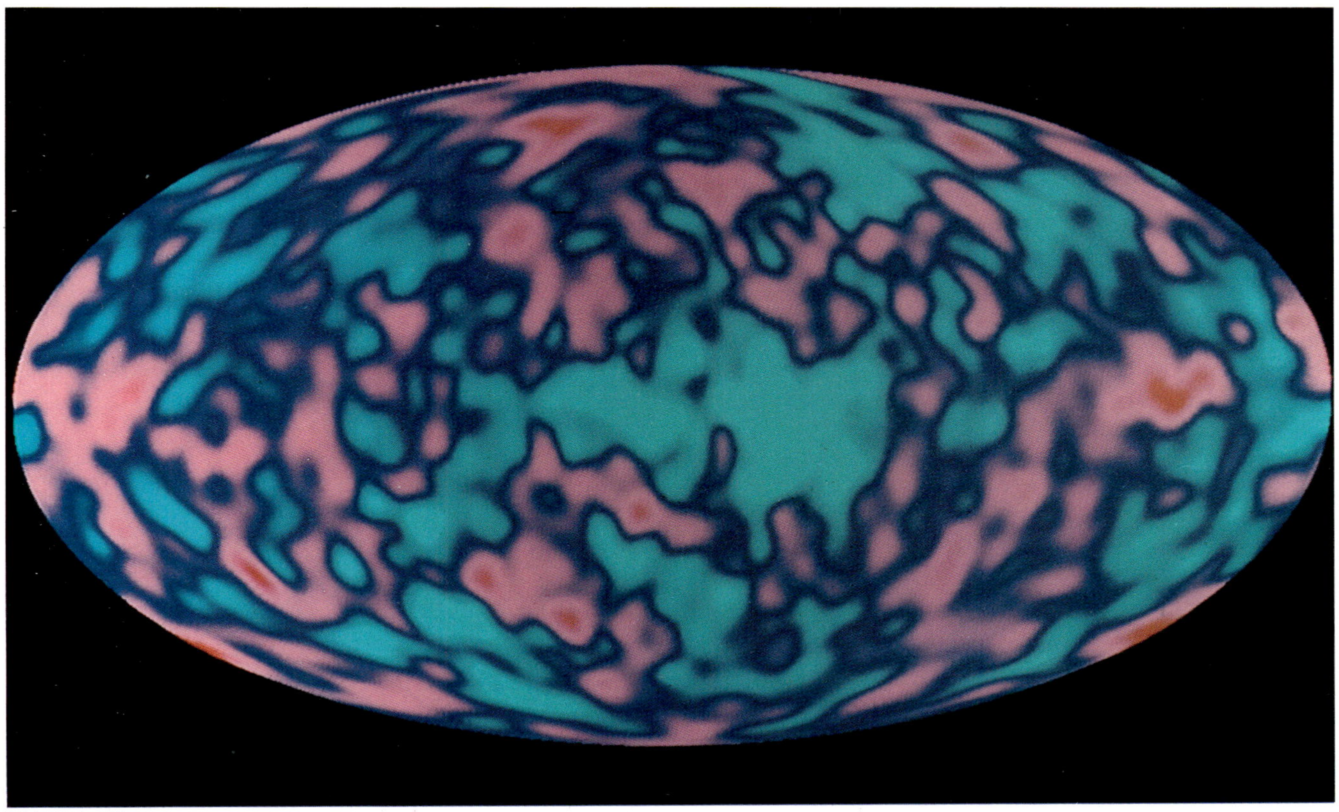

La carte de COBE révèle en réalité des fluctuations très légères, trop légères pour concorder avec l'aspect de l'Univers actuel. En revanche, elle est conforme à la théorie de l'inflation de l'Univers, soit une phase extrêmement rapide qu'aurait connue l'Univers au point d'être nivelé par élimination des principales fluctuations et irrégularités. Pour expliquer la formation dans le cosmos des galaxies et des amas de galaxies, il faut avancer l'hypothèse de l'intervention, à un moment donné, de fluctuations quantiques, comparables grosso modo aux ondes qui rident la surface d'un lac, ou de défauts dans la structure de l'espace en extension. Ces fluctuations auraient constitué les « semences » à partir desquelles se seraient développées étoiles et galaxies. COBE et d'autres instruments n'ont pas réussi à détecter leur trace dans le fond de micro-ondes.

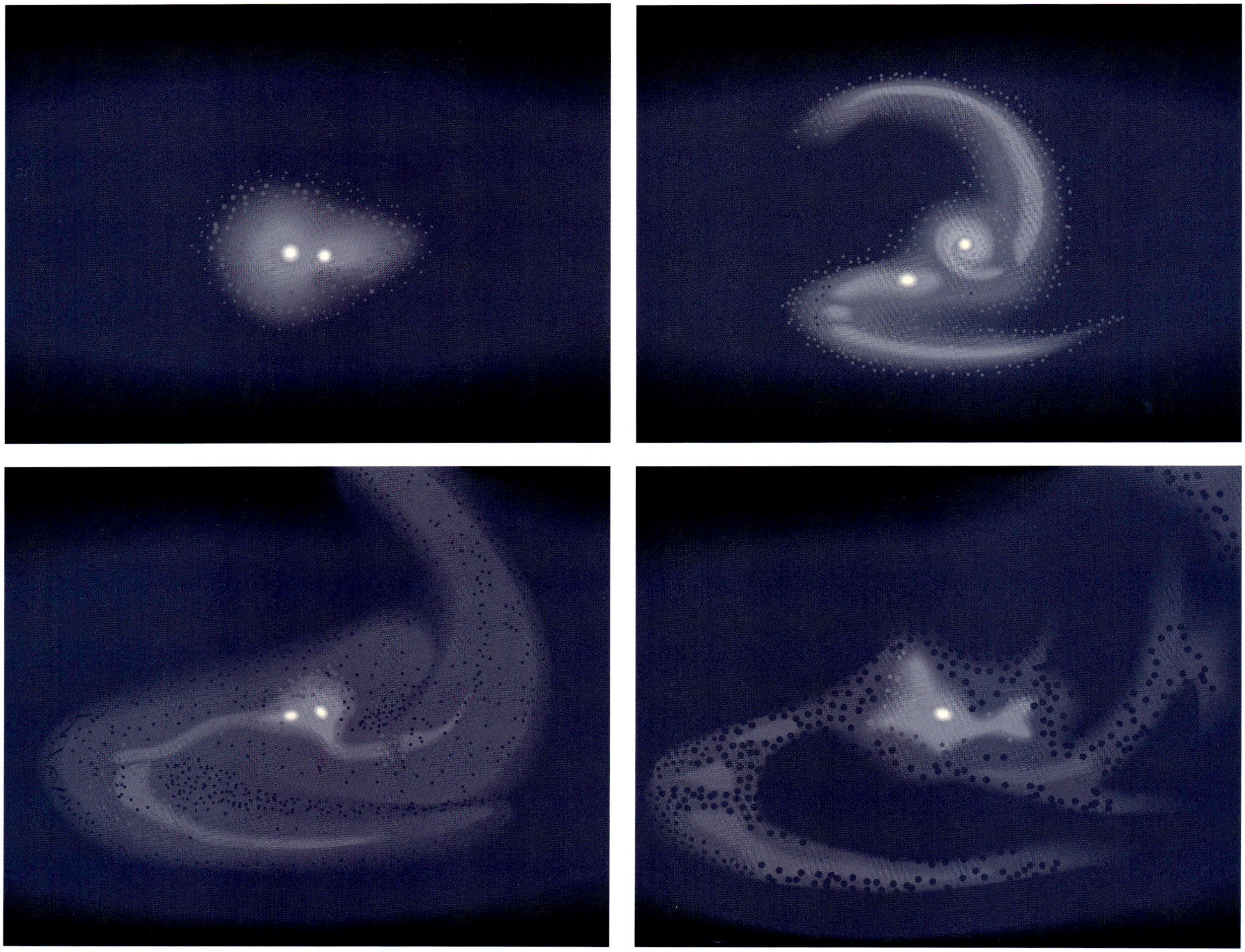

On a actuellement la conviction que l'interaction et la fusion entre galaxies sont des phénomènes plus courants qu'on ne le croyait autrefois et qu'elles sont à la base de la formation de plusieurs galaxies particulières et de différentes structures, notamment les bras spiraux, à l'intérieur des galaxies.

Ci-dessus, simulations de la fusion de deux galaxies spirales. Au fur et à mesure que les deux galaxies se rapprochent, les effets de marée déforment les structures galactiques, créant des filaments et des queues. Au début, les galaxies se frôlent, puis on a pendant quelque temps une sorte de ballet d'orbites, enfin elles se fondent.

Page ci-contre, M 51, ou galaxie Vortex, dans les Chiens de Chasse et sa compagne NGC 5195 en interaction.

■ Photo de T. Boroson par composition de trois clichés CCD pris en lumière rouge, verte et bleue avec le télescope de 0,9 m du KPNO.

L'interaction entre M 51 et NGC 5195, survenue voici plusieurs millions d'années, a influencé leur histoire. NGC 5195 est une spirale : elle est vue par la tranche et se trouve désormais au-delà de M 51. On distingue la distorsion la plus visible, par effet de marée, subie par M 51 : le bras spiralé en bas déroulé vers NGC 5195. Toute la structure spirale aurait été produite par la rencontre : tout d'abord, les orbites circulaires des étoiles de M 51 sont devenues elliptiques ; ensuite, à cause de la rotation différentielle (les étoiles les plus proches du noyau de la galaxie tournent plus vite que les plus lointaines), les étoiles ont été groupées en structures spirales symétriques. L'action gravitationnelle réciproque des étoiles, conjuguée avec les effets de marée de la galaxie compagne, a sans doute contribué à amplifier ces effets, créant une structure en spirale également à l'intérieur du noyau galactique. En 1993, Denis Zaritsky, des Carnegie Observatories, et ses collaborateurs ont trouvé en M 51 une structure spirale que l'on peut suivre jusqu'au centre de la galaxie pendant environ trois révolutions, et une mini-barre centrale, qui pourraient avoir été générés par l'interaction due aux effets de marée avec NGC 5195.

Galaxies NGC 5394-5395 en interaction. La première est une petite spirale vue de face avec un noyau d'une grande luminosité quasi stellaire, entouré d'arcs étonnamment lumineux. La seconde est une spirale très inclinée. Elles se situent à 110 millions d'années-lumière de nous, leur diamètre est respectivement de 50 000 et 100 000 al.
■ Image de Nigel Sharp obtenue par composition de trois clichés CCD pris en lumière rouge, verte et bleue à l'aide du télescope de 0,9 m du KPNO.

Le groupe de galaxies en interaction NGC 7253. Il s'agit d'un système multiple possédant une énorme quantité de matière, de poudres et de gaz, diffus entre les galaxies mêmes. La composante localisée en haut, qui semble, à première vue, un couple de galaxies, pourrait être en réalité une chaîne de trois systèmes mis en contact.
■ Image de W. Schoening et N. Sharp en trichromie électronique, obtenue par composition de trois clichés CCD pris en lumière rouge, verte et bleue avec le télescope Mayall de 3,8 m de l'Observateur national de Kitt Park.

Les galaxies entourées de structures fines et filamenteuses tels que des ponts et des queues, sont connues depuis les années 1950, mais, étaient considérées comme des anomalies : les astronomes jugeaient très improbables des phénomènes comme la collision entre galaxies. Mais en 1983 on changea d'avis, quand le satellite IRAS (Infra-Red Astronomy Satellite) révéla des centaines de galaxies présentant un excès d'émission infrarouge qui peut traduire une formation intense d'étoiles (voir p. 48), produites par la fusion et par la collision entre les galaxies mêmes. Les interactions entre galaxies peuvent déterminer la production de structures plus étranges, outre les ponts et les queues : bras spiraux, anneaux de gaz et étoiles, énormes structures en coquilles gazeuses. Les collisions sont à l'origine du taux de formation paroxystique d'étoiles à l'intérieur de galaxies appelées starburst, où les étoiles naissent au rythme vertigineux de centaines par an (au lieu de deux ou trois dans une galaxie normale du type de la Voie lactée). Les poussées de formation d'étoiles durent environ 100 millions d'années, après quoi la galaxie retrouve une luminosité normale. Enfin, les interactions par effet de marée peuvent favoriser l'activité d'objets fortement énergétiques comme les quasars et les noyaux galactiques actifs.

À gauche, on distingue quatre des cinq galaxies (la cinquième ne figure pas, le champ du CCD étant trop limité) qui forment le célèbre Quintette de Stéphan : NGC 7317, 7318a, 7318b, 7319 et 7320, un groupe de galaxies en interaction dans Pégase. Cependant, l'une d'entre elles, NGC 7320, n'appartient pas au groupe. Elle n'est distante, en effet, que de 40 millions d'années-lumière, les autres se trouvant en moyenne à 300 millions d'années-lumière.
■ Image composite de W. Schoening et N. Sharp obtenue à l'aide de trois images CCD prises en lumière rouge, verte et bleue avec le télescope Mayall de 3,8 m du KPNO.

À droite, la Roue de la Charrette, spectaculaire galaxie en interaction photographiée par le télescope spatial. Cette galaxie, une ancienne spirale, a pris sa curieuse forme actuelle lorsqu'une petite galaxie (hors champ) la traversa en son centre. Les zones bleues sont le siège d'une intense formation d'étoiles, la zone jaune dans le noyau et dans l'anneau est due aux poussières. Entre les deux anneaux se trouvent des fragments qui pourraient être les restes d'anciens bras spiraux ou les embryons de nouveaux bras en gestation.
■ Image en fausses couleurs d'après des clichés en lumière bleue et infrarouge pris avec la WF/PC-2 et dus à Kirk Borne du STScI.

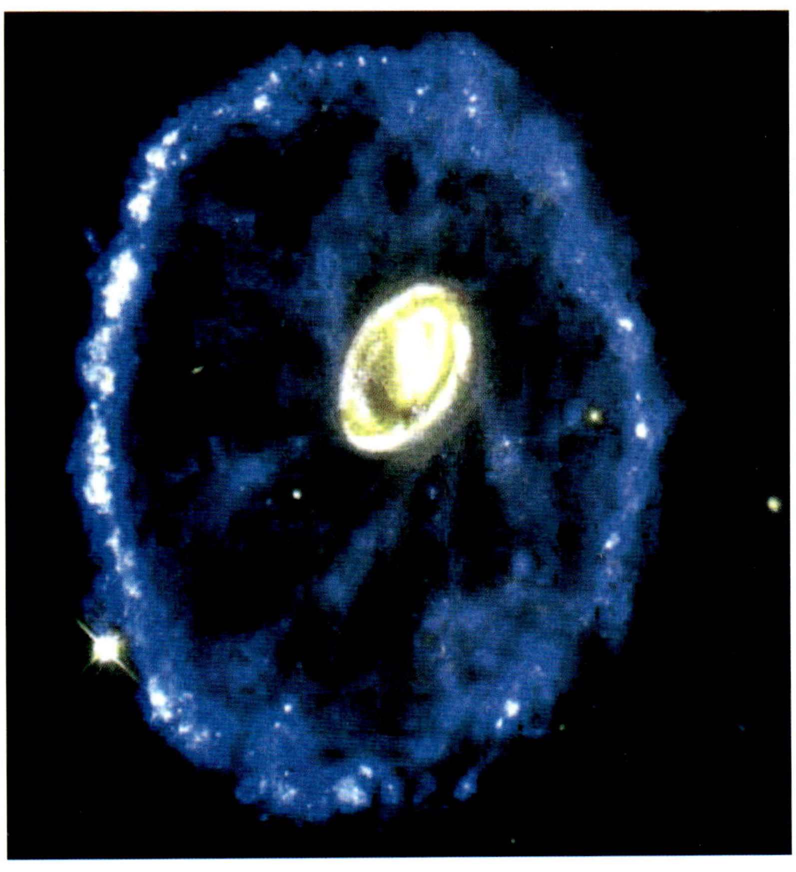

Ci-dessus, la Galaxie méridionale annulaire, localisée dans le ciel au voisinage du Grand Nuage de Magellan. Elle se trouve en fait à 270 millions d'années-lumière et son aspect résulte du vidage d'une galaxie à disque normal lors de la rencontre avec une galaxie très compacte. Ses dimensions sont de 125 000 x 65 000 al.
■ Image obtenue au CTIO au Chili.

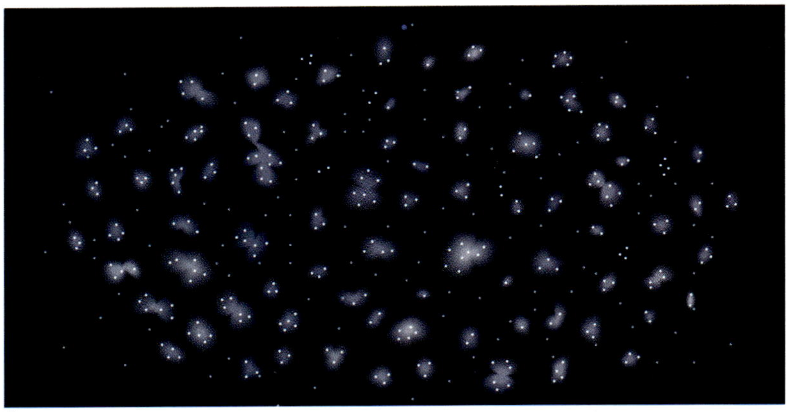

A

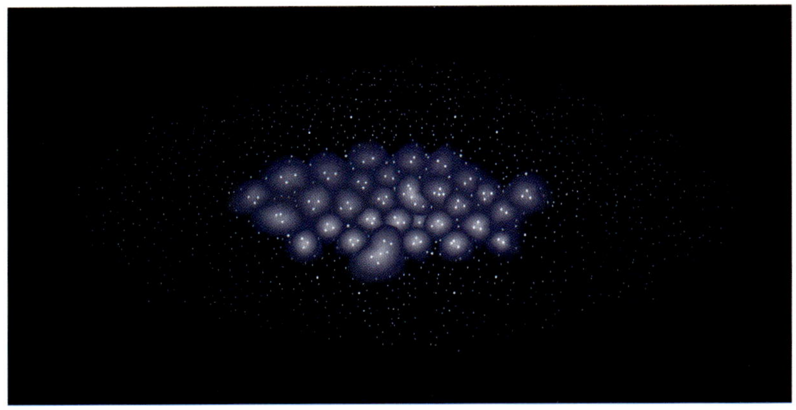

B

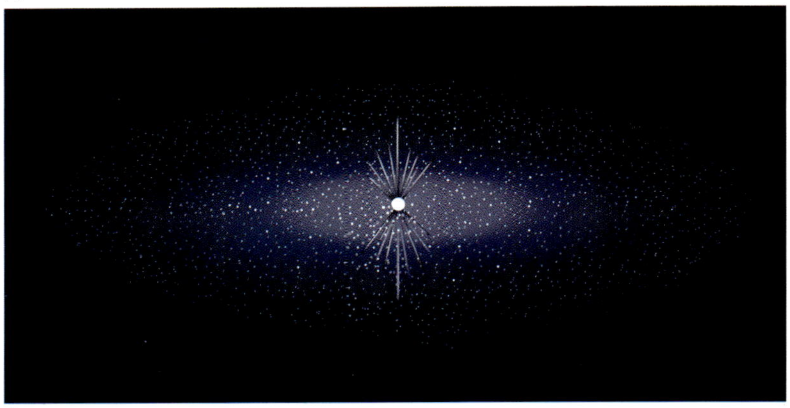

C

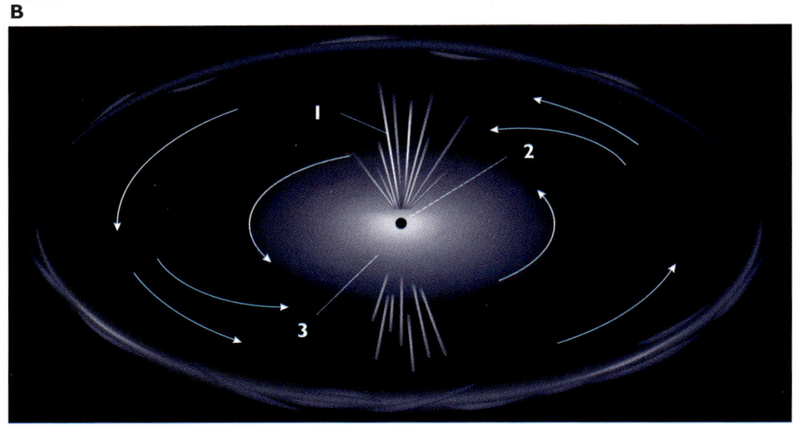

D

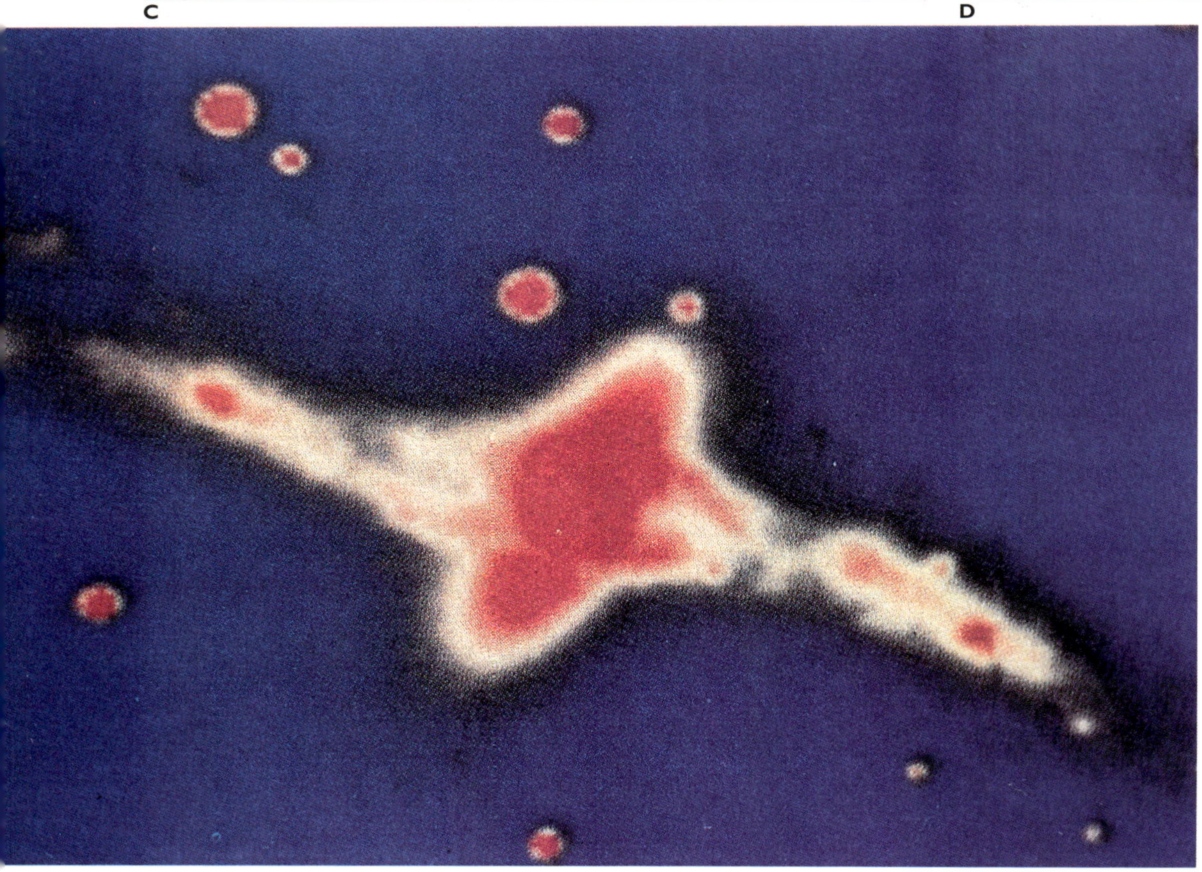

Il semble de plus en plus évident que la lumière produite par nombre d'objets extragalactiques résulte de phénomènes plus puissants que les réactions nucléaires survenant dans les étoiles qui les composent. Les plus lumineux sont les quasars, mais toute une série d'autres corps célestes présente des noyaux déchirés par des productions d'énergie. À l'heure actuelle, on considère que galaxies normales, objets « exotiques » et quasars sont liés dans une chaîne évolutive résumée dans la suite d'images ci-dessus. Quand une galaxie se forme à partir d'un grand nuage de gaz qui se contracte sous l'effet de sa propre gravité (A, B), les régions centrales subissent un effondrement (C) en se contractant jusqu'à former un trou noir supermassif (2), ce qui a pour effet d'attirer le gaz du noyau, celui-ci se plaçant dans un disque d'accrétion (3), à l'intérieur duquel sa vitesse s'accélère, approchant celle de la lumière. Quand enfin le gaz tombe dans le trou noir (D), il émet une lumière très forte. Les galaxies normales sont alimentées par de petits trous noirs, les noyaux galactiques actifs et les quasars par des trous noirs moyens et grands.

À gauche : la structure particulière de la galaxie à anneau polaire NGC 4650 A, résulterait d'un frôlement avec une autre galaxie.
■ Cliché CCD pris par B. Whitmore, D. McElroy et F. Schweizer avec le 4 m du CTIO.

À gauche, la galaxie starburst NGC 6240 dans Ophiucus, distante de 300 millions d'années-lumière. L'extrême luminosité des objets de ce type résulte de la production d'énergie thermonucléaire produite par la formation simultanée d'une énorme quantité d'étoiles dans le noyau, probablement amorcée, comme on l'a vu, par les collisions entre galaxies. On distingue visiblement le noyau lumineux et la structure externe particulière. NGC 6240 est aussi un mégamaser, soit un amplificateur de micro-ondes par émission stimulée de rayonnement (« maser » est l'acronyme de Microwave Amplification by Stimulated Emission of Radiation) provenant de nuages de molécules et radicaux interstellaires comme l'eau, l'hydroxyle, le formaldéhyde, qui entourent une radiosource centrale.
■ Composition électronique d'images CCD obtenues par Rudolph Schild.

Dans les années 1960, Benjamin Markarian découvre, à l'observatoire Biourakan (Arménie), plusieurs galaxies présentant un excès d'émission dans le bleu et l'ultraviolet, indice infaillible de la présence de nombreuses étoiles jeunes, probablement produites par des interactions entre galaxies dues à des effets de marée.
À l'extrême droite, Markarian 496 dans le Dragon présente un double noyau caractérisé par une intense formation d'étoiles et par deux longues queues créées par effets de marée.
■ Image CCD en fausses couleurs obtenue par J. M. Mazzarella et T. A. Boroson avec des clichés en lumière bleue et jaune pris avec le télescope McGraw-Hill de 1,3 m du KPNO.

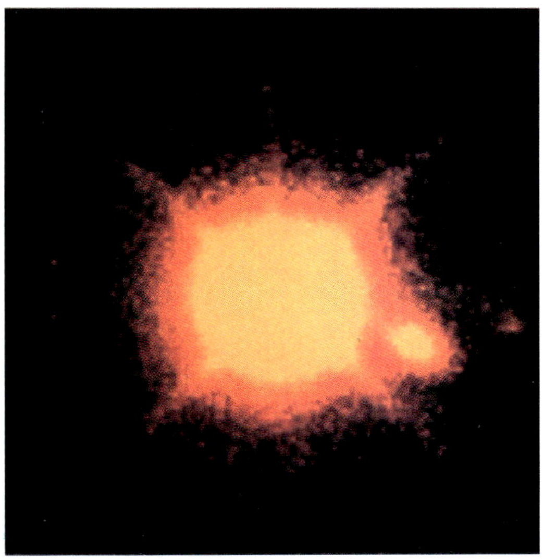

Ci-dessus, PKS 2155-30, de loin l'objet le plus lumineux de type BL Lac (abrév. de Lacertae) connu. Les BL Lac sont des sources extrêmement lumineuses, parfois variables et radioémettrices, localisées au centre de galaxies elliptiques géantes.
■ Composition de plusieurs images CCD obtenues avec un temps d'exposition de 5 min avec le télescope NTT de l'ESO.

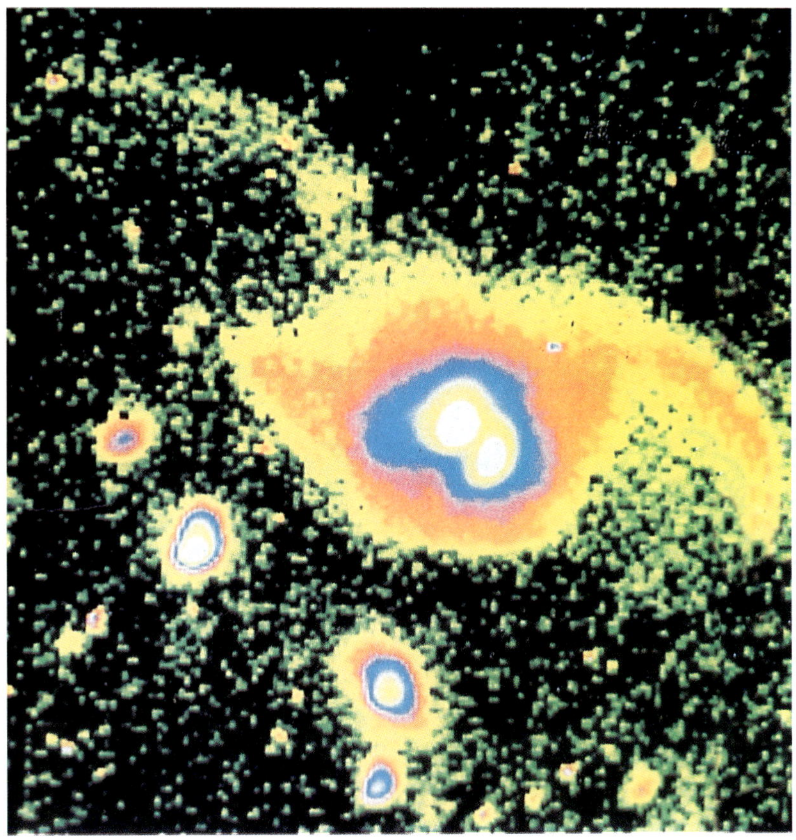

Les noyaux galactiques actifs ou AGN (Active Galactic Nuclei) sont des objets dans lesquels la production d'énergie s'opère aux dépens d'un trou noir supermassif central, alimenté par le gaz qui tombe dessus depuis le noyau de la galaxie mère ou de galaxies proches en interaction. Les AGN comprennent les quasars, les radiogalaxies, les galaxies de Seyfert et les objets BL Lac. Leur histoire commence au début des années 1940, lorsque Carl Seyfert, un étudiant de Humason et Minkowsky à l'observatoire du mont Wilson, découvre des galaxies spirales à noyau quasi stellaire, riche en étoiles très jeunes et chaudes et caractérisé par une activité explosive. Dans les années 1950 et 1960, l'on découvre des galaxies elliptiques à noyau brillant et variable, présentant une forte émission radio ; puis, en 1968, un objet considéré comme une étoile variable, BL Lacertae, s'apparentant visiblement aux quasars, radiogalaxies et galaxies de Seyfert. Actuellement, on considère que tous ces corps sont de même nature et que leur visibilité différente à partir de la Terre dépend le plus souvent de l'orientation du disque d'accrétion et des jets fortement corrélés (produits par la chute de gaz à l'origine de deux gigantesques tourbillons) par rapport à l'observateur.

Ci-dessous, le noyau de M 51 pris par le télescope spatial : la structure en X au centre serait la trace du disque d'accrétion d'un trou noir équivalent à 1 million de masses solaires.

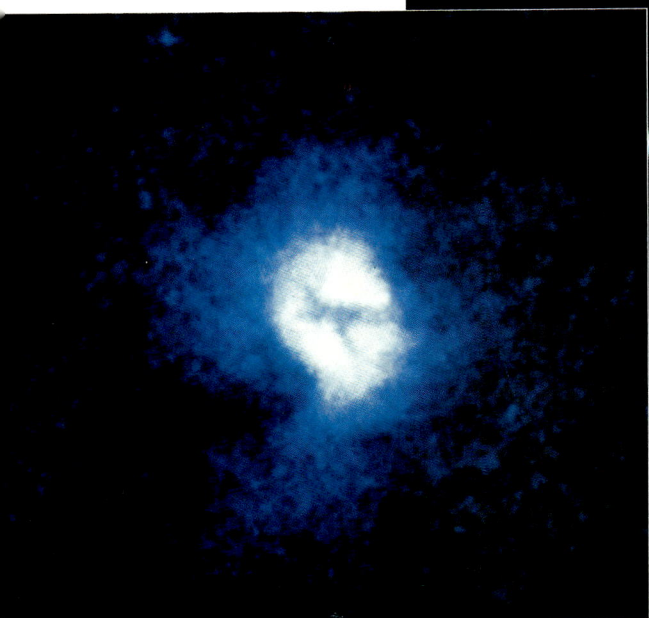

■ Cliché pris avec la caméra PC-I en lumière verte de Holland Ford (Johns Hopkins University).

À droite, la galaxie de Seyfert NGC 1566, le membre le plus brillant d'un groupe de galaxies dans la constellation australe de la Dorade, distante d'environ 50 millions d'années-lumière. Des élaborations des originaux utilisés pour cette image en couleurs ont permis de voir que les bras spiraux se déroulent sur une étendue presque quatre fois plus grande que ce que l'on voit ici.
■ Photo en trichromie de David Malin d'après trois clichés avec exposition à l'AAT pendant 25, 25 et 35 min de Bill Pence.

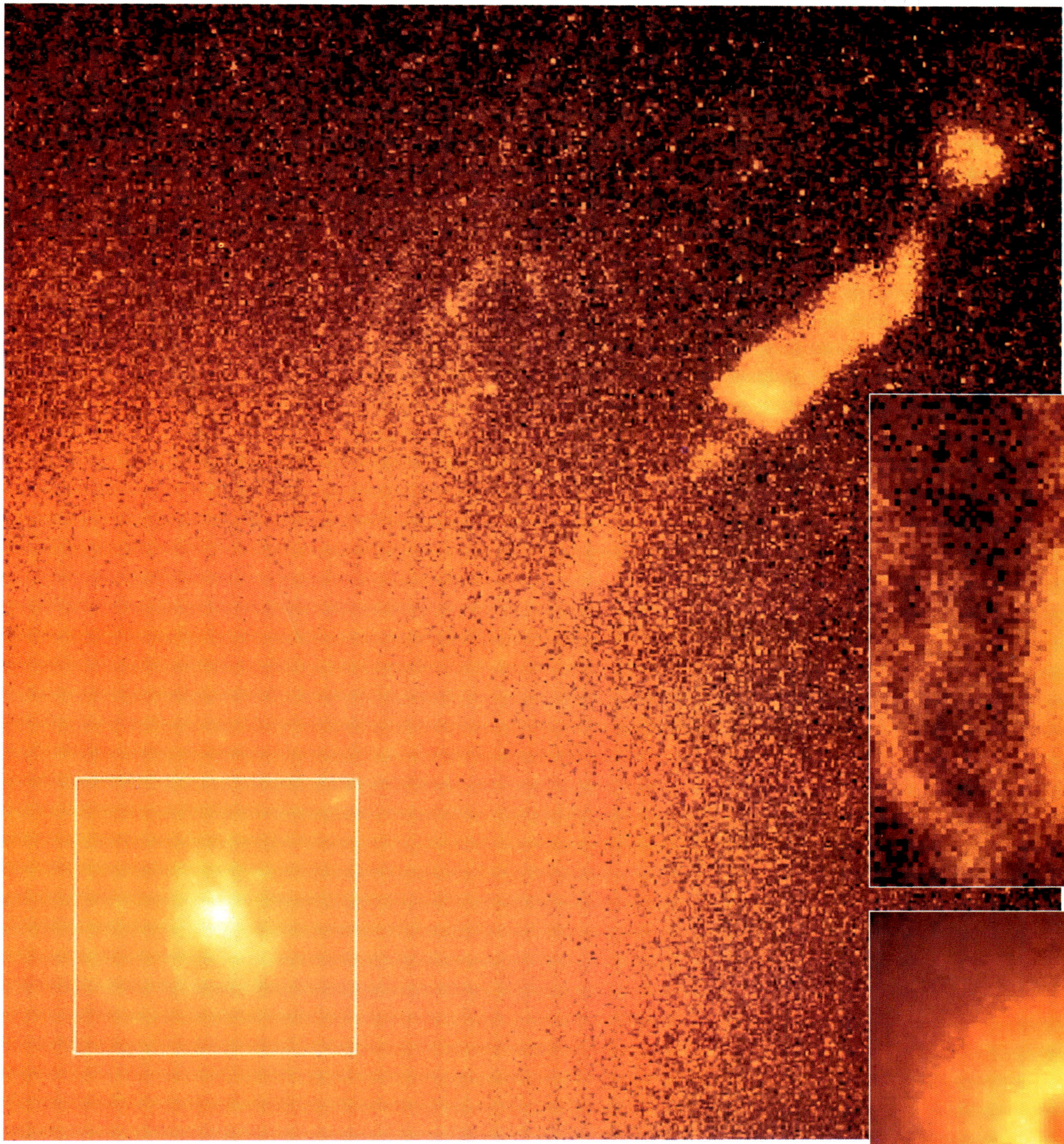

Sur cette page, le disque d'accrétion dans le noyau de la galaxie NGC 4261 (inséré en bas) ainsi que le jet et la structure spirale du noyau de la galaxie M 87.
■ Clichés pris respectivement avec les caméras WF/PC-1 et WF/PC-2 du télescope spatial par W. Jaffe (observatoire de Leida) et H. Ford ainsi que par le même Ford et R. Harms (Applied Research Corp.).

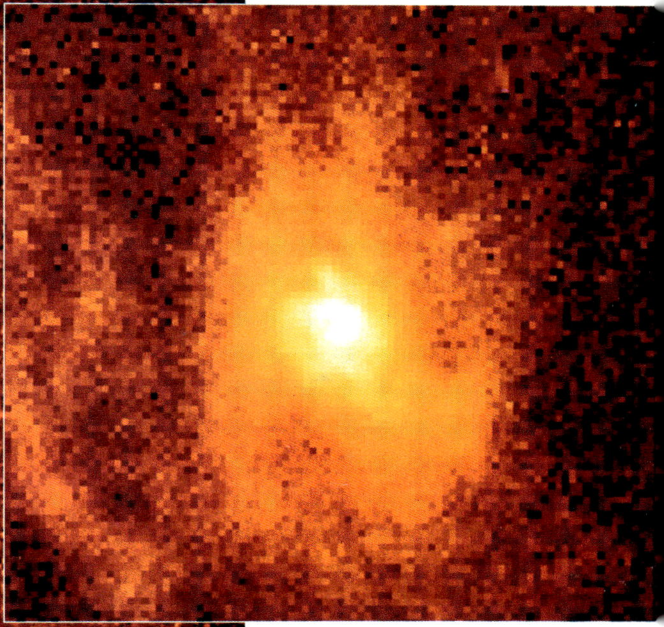

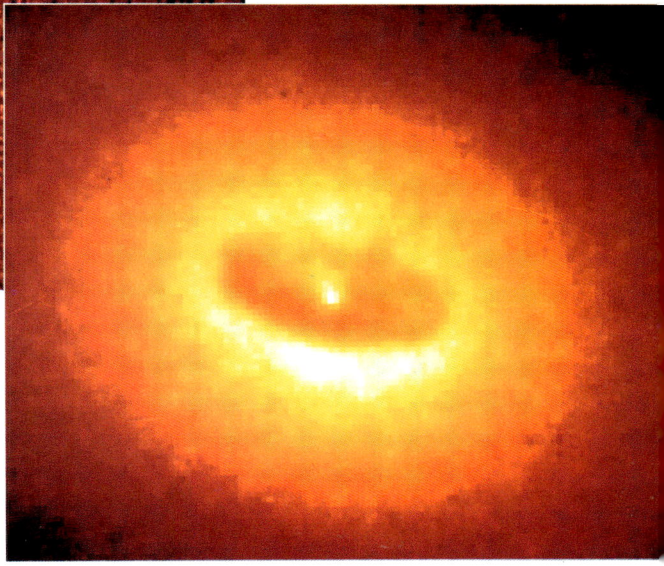

Comme la structure de M 51 (page ci-contre), celles que l'on voit sur cette page semblent liées à la présence de trous noirs supermassifs. Sur l'image de NGC 4261, l'on aperçoit la trace du disque d'accrétion entourant une source centrale très lumineuse derrière laquelle se trouve un trou noir de 100 millions de masses solaires. Sur l'image à grand champ de M 87, on distingue le grand jet d'ondes issu du noyau de la galaxie. Sur l'image à résolution maximale, on observe la structure spirale du noyau dans lequel se trouve le gaz qui se déplace à des vitesses, mesurées par le spectrographe pour objets faibles de Hubble, atteignant 800 km/s. Seule une concentration de matière dans le noyau égale à 2 ou 3 milliards de masses solaires – autrement dit un gigantesque trou noir – peut empêcher un gaz animé d'une telle vitesse de s'échapper.

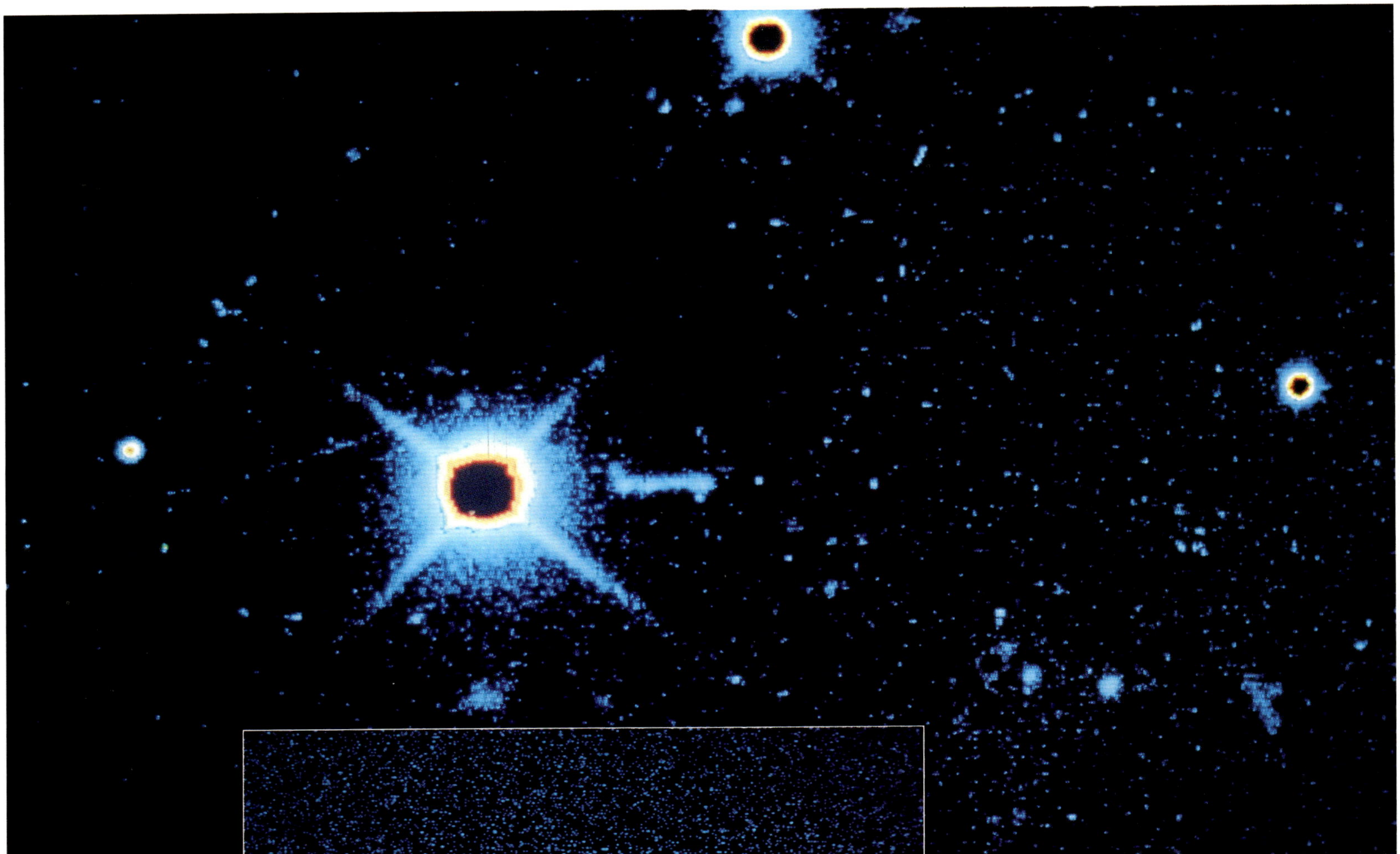

À droite, cliché de 3C 273 pris par le satellite Einstein, capable de collecter les rayons X ; l'engin a fonctionné de 1978 à 1980. L'une de ses premières découvertes a été de détecter l'extrême luminosité des quasars, même dans les rayons X. 3C 273 émet sur cette longueur d'onde autant que dans le visible. L'émission est surtout concentrée dans le noyau.

Ci-dessus, le quasar 3C 273, l'un des plus lumineux et des plus proches, reconnu comme tel en 1963. Sa distance est de l'ordre de 1,8 milliard d'années-lumière. Son intense luminosité est 1 000 fois supérieure à celle d'une galaxie normale. Le fait que la partie la plus lumineuse du quasar soit masquée fait ressortir le jet de 3C 273.

■ Image en fausses couleurs obtenue par D. Horville, G. Lelièvre, J. L. Nieto, L. Renard et D. Servan, à l'aide d'une caméra à grand champ appliquée au foyer Cassegrain du télescope franco-canadien-hawaiien de 3,6 m du Mauna Kea.

L'histoire de la découverte du quasar est l'une des plus curieuses de l'astronomie. Dans les années 1960, on tente d'identifier en lumière visible certains objets célestes radioémetteurs. La radiosource 3C 48 (3C signifie « troisième catalogue de radiosources de l'observatoire de Cambridge ») est identifiée comme une petite étoile d'une magnitude de +16, apparemment très faible, étant donné l'éclat de la source. En 1960, l'astronome américain Allan Sandage en obtient un spectre présentant des raies d'émission anormalement larges. En 1963, l'astronome néerlandais Maarten Schmidt étudie un spectre d'une autre contrepartie optique de radiosource, la 3C 273, une petite étoile d'une magnitude de +13, très similaire à celle de 3C 48. Schmidt veut prouver que la largeur des raies du spectre des quasars est liée à leur très fort décalage vers le rouge (red schift), provoqué par un objet animé qui s'éloigne à grande vitesse. Les raies correspondent à celles d'autres corps célestes. On renouvelle l'expérience pour 3C 48 et d'autres sources, que l'on appelle désormais « Quasi Stellar Radiosource », ou QSRS, qui se prononce en anglais « quasars » et signifie « radiosource quasi stellaire ».

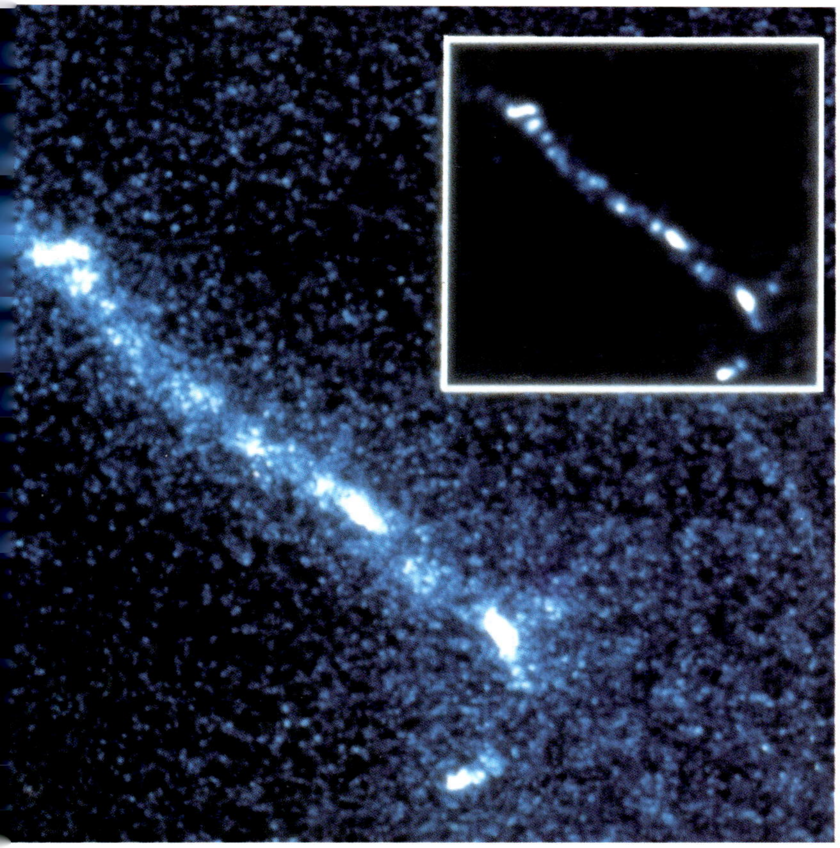

Ci-dessus, image à haute résolution du jet de 3C 273 prise par la FOC (*Faint Object Camera*) du télescope spatial. L'encadré révèle la structure caractéristique à globules et nœuds, résultant de l'interaction entre le jet et une structure en coquille de matière en expansion provenant du quasar.
■ Composition de 18 poses de 22 min, prises avec un filtre bleu et trois polarisateurs par Robert Thomson, Craig Mackay et Alan Wright.

En bas à droite, le jet de la galaxie 3C 66B est extrêmement complexe. Son bord externe semble effiloché et littéralement formé de deux éléments entrecroisés, à la façon d'une corde de chanvre. Sur l'image, la lumière de la galaxie a été soustraite pour mettre le jet en évidence. La longueur du jet est de 10 000 al environ, le double de celui de M 87, mais seulement le quinzième de celui de 3C 273.
■ Image obtenue dans l'ultraviolet avec la FOC du télescope spatial Hubble par Duccio Macchetto et ses collaborateurs, de l'équipe FOC de l'Agence spatiale européenne.

En bas à gauche, le plus lointain quasar connu, PC 1247+3406 dans les Chiens de Chasse, photographié avec le télescope optique le plus grand du monde, le télescope William Keck. D'un diamètre de 9,8 m, il est installé au sommet du volcan éteint de Mauna Kea, à 4 150 m d'altitude, dans les îles Hawaii. Le quasar est juste au-dessus du centre de l'image. La lumière que nous en percevons a été émise quand l'Univers avait à peine 1 milliard d'années. Les autres taches lumineuses sont des galaxies extrêmement lointaines.
■ Image obtenue dans l'infrarouge, à une longueur d'onde de 2,2 microns, par la Near Infrared Camera ; assemblage d'une centaine de photos, avec un temps d'exposition de 37 min.

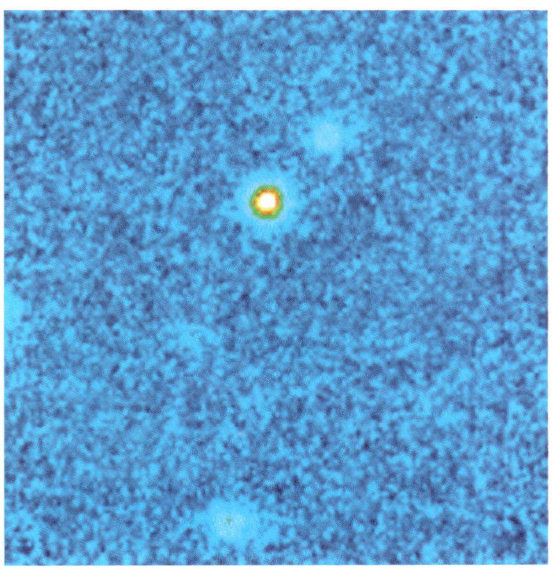

Tous les quasars n'émettent pas des ondes radio ; la majeure partie des objets présentant les caractéristiques des quasars – apparence stellaire, fort décalage vers le rouge, intense production d'énergie – ne sont pas émetteurs d'ondes radio, et l'acronyme quasar ne s'appliquait donc pas à eux. On a alors proposé de désigner tous les corps de ce type, radioémetteurs ou pas, par l'abréviation QSO (Quasi Stellar Objects, *« objets quasi stellaires ») ; ou bien, selon la suggestion de Maarten Schmidt en 1970 simplement « quasar » sans le « s » final. On comprend très vite que les quasars sont tout à fait différents des étoiles. Si leur décalage vers le rouge est lié à l'expansion de l'Univers, ils doivent être situés à de grandes distances. En effet, leur décalage est proportionnel à leur vitesse d'éloignement et à celle-ci correspondent, selon la loi de Hubble (voir p. 129), des distances très élevées, des milliards d'années-lumière. Comment des étoiles peuvent-elles être encore visibles, à une telle distance, là où précisément les galaxies ne le sont pas ? De simples calculs montrent à l'évidence que la luminosité d'un quasar est de 10 à 1 000 fois supérieure à celle d'une galaxie. À l'heure actuelle, il ne fait pratiquement aucun doute qu'un quasar est le noyau d'une galaxie active trop lointaine pour être visible.*

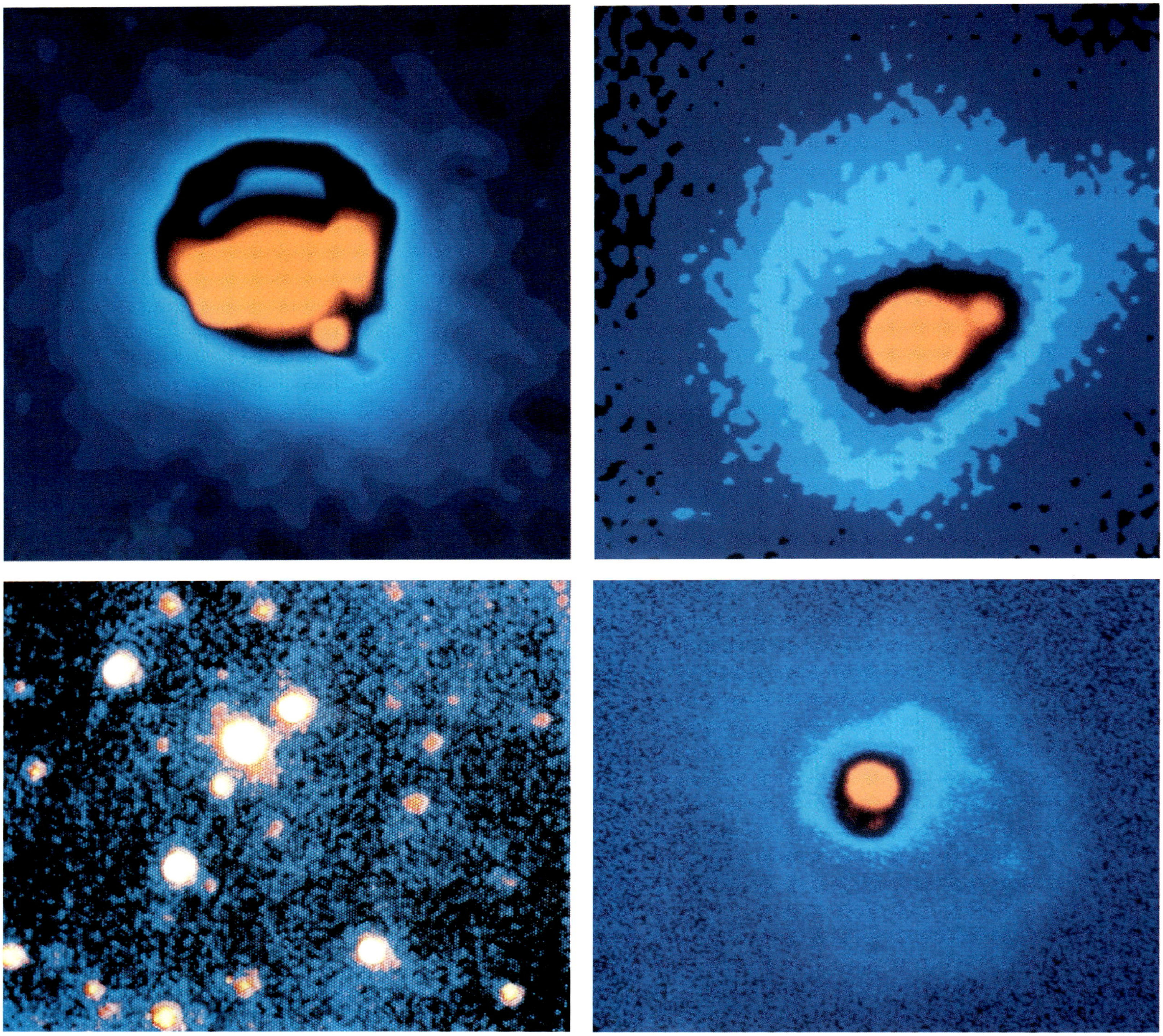

Les images électroniques en haut et à droite, obtenues par Nigel Sharp au KPNO, montrent les trois quasars IRAS 00275-2859 (à gauche), PG 1613 (à droite), Mk 231 (en bas). En bas à gauche : 3C 275.1, le premier quasar qui a été trouvé au centre d'un amas de galaxies, photographié en pseudocouleurs par Paul Hintzen et John Stocke avec le télescope Mayall de 3,8 m du KNPO. Distant de 5 milliards d'années-lumière, il se trouve dans un nuage de gaz en rotation, probablement une galaxie elliptique.

Les trois quasars représenteraient des phases distinctes de la vie de ces objets dont la formation est favorisée lors des interactions entre galaxies. IRAS 00275-2859 va entrer en collision avec un second noyau ; PG 1613 est entré en collision, comme le montre la déformation de la galaxie environnante. Dans Mk 231, enfin, la collision semble terminée, avec formation, de queues dues à des effets de marées et à des nuages filamenteux.

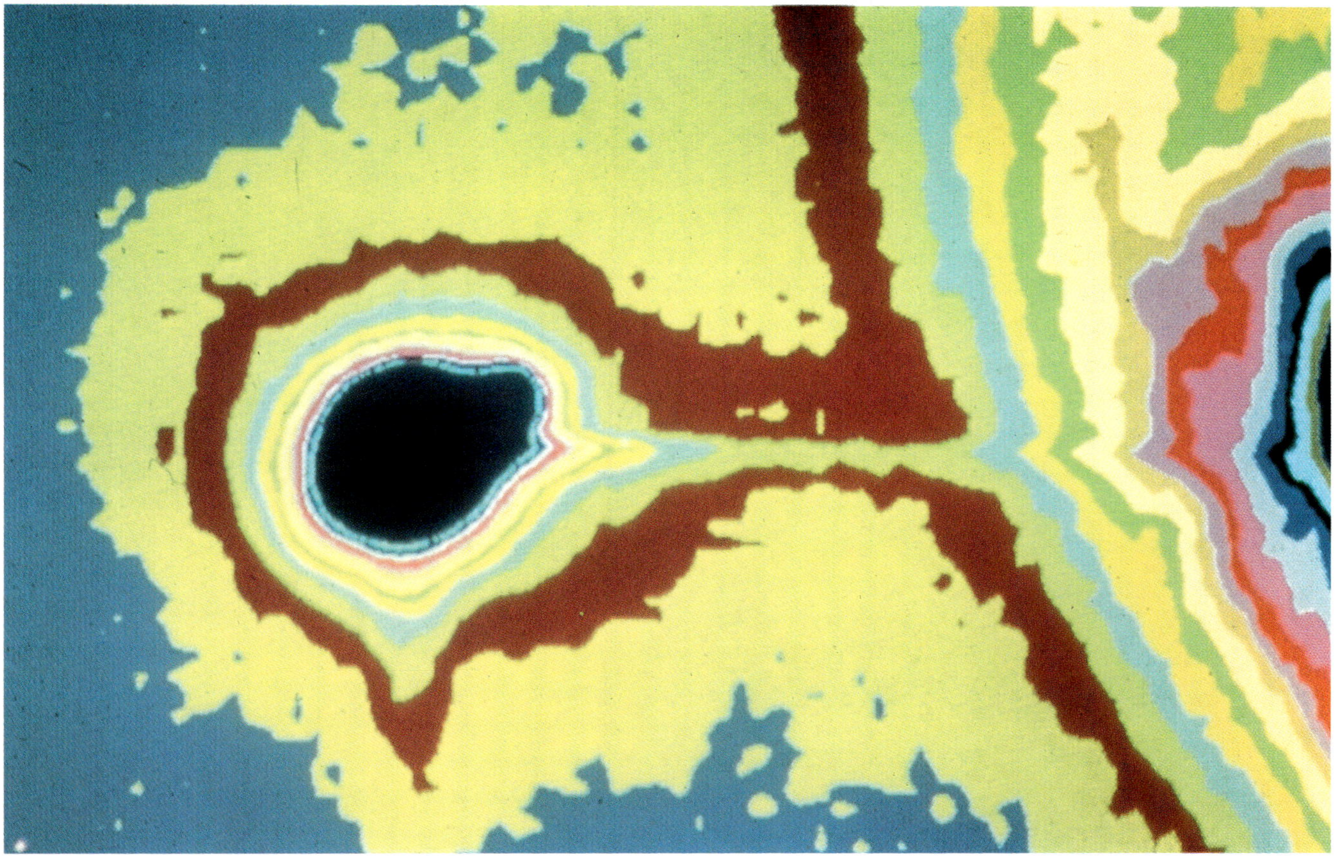

À droite, le quasar Markarian 205, dans la constellation du Dragon, se trouve apparemment derrière le noyau de la galaxie NGC 4319. Toutefois, le décalage vers le rouge de la galaxie est très faible : celle-ci serait distante de 69 millions d'années-lumière, le quasar de 850 millions d'années-lumière. D'ailleurs, un pont de matière qui relie les deux objets est clairement visible.
■ La photographie a été prise à travers un filtre bleu, avec un temps d'exposition de 10 min, une caméra CCD, au foyer du télescope Mayall de 3,8 m du KPNO. Elle a été ensuite élaborée en fausses couleurs pour faire ressortir les différences subtiles de luminosité dans le champ cadré.

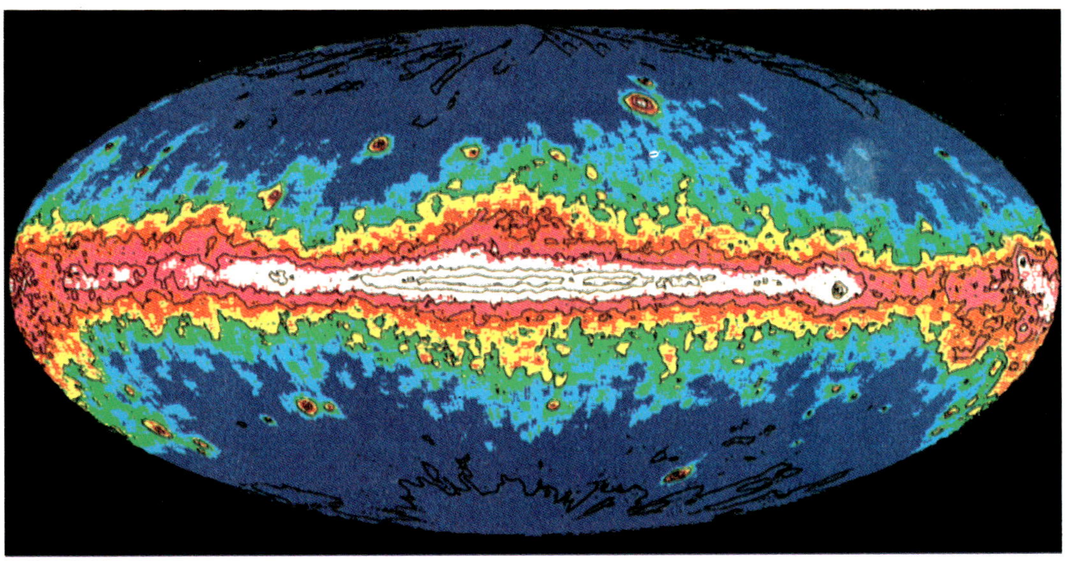

À gauche : sur cette carte du ciel dressée dans le domaine des rayons gamma par l'observatoire orbital de la NASA, Gamma Ray Observatory (GRO) lancé en 1991, se détachent quelques quasars, forts de leur rôle d'objets les plus lumineux de l'Univers. L'émission en rayons gamma de chacun d'entre eux est 10 000 fois supérieure à celle de la Voie lactée. La bande horizontale qui traverse la carte est produite par l'émission diffuse de la Galaxie.
■ L'image, en fausses couleurs, est le fruit d'une année d'observation à l'aide du télescope pour le relevé des rayons gamma énergétiques (*Energetic Gamma Ray Experiment Telescope, ou EGRET*) à bord du GRO.

La présence de décalages vers le rouge variables entre objets extragalactiques proches et reliés par des ponts de matière, réels ou apparents, n'est pas limitée au cas figuré en haut, mais s'étend à de nombreux autres cas, comme l'atteste l'astronome américain Halton Arp, dont le travail a souvent été jugé peu orthodoxe et quasi hérétique. Une recherche plus affinée révèle également l'existence indiscutable de ponts de matière et l'on doit donc rejeter l'hypothèse d'un simple alignement en perspective entre les objets. En outre, statistiquement, la quantité d'alignements entre corps présentant divers décalages vers le rouge semble bien plus importante que ne le laisserait supposer une distribution due au hasard. Même l'hypothèse d'une influence déformante due à des phénomènes de lentille gravitationnelle, qui favoriserait l'alignement apparent entre sources lointaines et proches, ne semble pas tenir la route. Force est donc d'admettre que tous les décalages vers le rouge des quasars ne sont pas d'origine cosmologique, autrement dit résultent des grandes vitesses de fuite d'objets participant à l'expansion de l'Univers. Une autre hypothèse a été avancée par William Saslaw : certains quasers seraient des objets compacts émis violemment par le noyau d'une galaxie à la suite de phénomènes explosifs.

Le télescope spatial

En 1962, un groupe de scientifiques de la NASA réalise une première étude relative à un télescope spatial. La possibilité d'observer au-dessus des turbulences de l'atmosphère est en effet considérée comme un avantage inestimable, car ce n'est que dans ces conditions que l'on peut tirer pleinement parti, en termes de résolution et de luminosité, des dimensions et des nombreuses performances d'un télescope astronomique.

En 1965, 1969 et 1972, d'autres groupes d'étude parviennent à la conclusion que la construction et le lancement d'un télescope spatial sont non seulement souhaitables, mais réalistes.

En 1973, la NASA charge des scientifiques d'élaborer le projet de base ; en 1977, après moult essais et hésitations, elle confie à un nouveau groupe de travail le projet final et sa réalisation, que ratifie la même année par le Congrès.

Le lancement du télescope, initialement prévu pour 1983, est retardé pour diverses raisons techniques et logistiques et reporté à 1985, puis à 1986. Mais, cette année-là, se produit la terrible catastrophe de la navette *Challenger* qui explose au décollage avec sept astronautes à bord, bloquant pendant trois ans l'ensemble du programme spatial américain. De même, le coût, estimé initialement à 500 millions de dollars, devait tripler lors du lancement.

Finalement, en avril 1990, le télescope spatial Hubble est mis en place.

Ce télescope, monté sur un satellite, d'une longueur de 13 m et d'un diamètre de 4,3 m pour un poids de 11,6 t, comporte un miroir primaire de 2,40 m de diamètre ; la lumière, collectée par le télescope (voir fig. en bas), se dirige vers le miroir primaire qui la réfléchit vers un miroir secondaire, placé à près de 5 m de distance, et celui-ci la répercute une seconde fois au centre du miroir primaire, qui est percé d'un trou. L'image est focalisée plusieurs mètres derrière le miroir primaire, où sont placés les cinq instruments scientifiques, dont quatre sont montés le long de l'axe optique de l'instrument. Il s'agit d'abord de deux spectrographes servant à décomposer et à analyser les caractéristiques spectrales de la lumière des collectée, analyse essentielle pour accéder aux caractéristiques physiques et chimiques des corps célestes observés. Le premier spectrographe observe essentiellement les objets très faibles, l'autre est destiné à analyser des sources plus lumineuses, mais à plus haute résolution. Il s'agit ensuite d'un photomètre rapide, instrument servant à mesurer, avec une précision extraordinaire, l'intensité d'une source lumineuse astronomique; il s'agit enfin d'une *Faint Object*

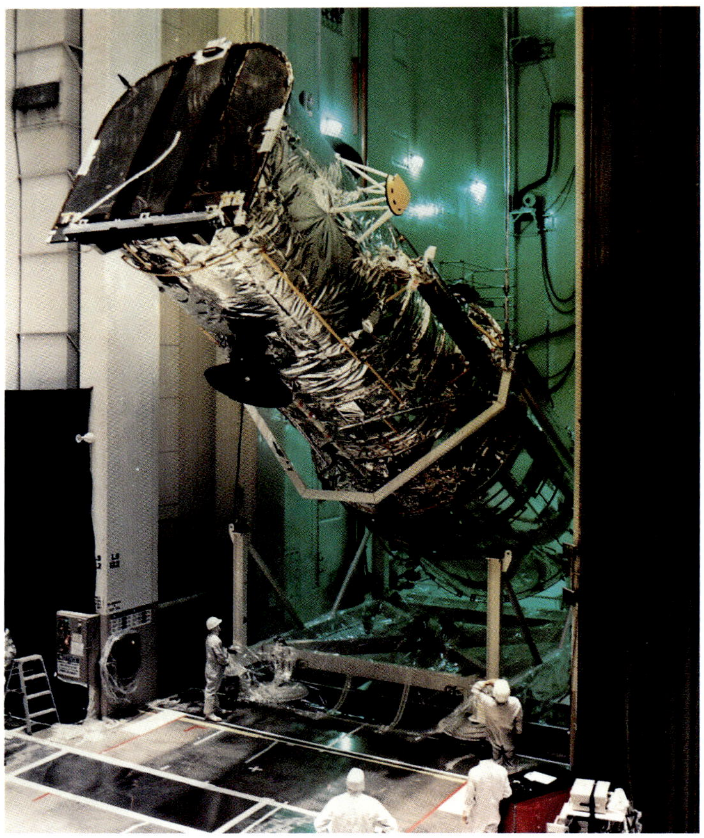

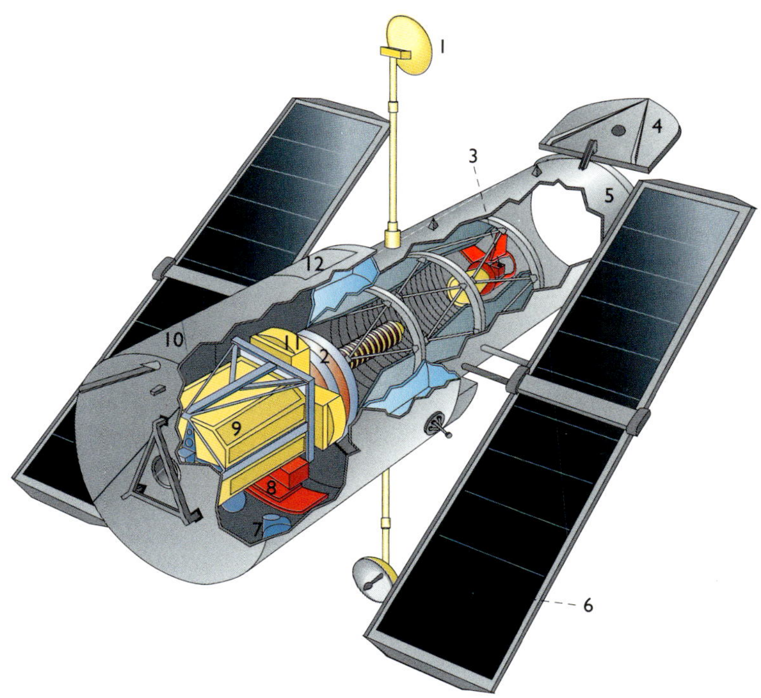

Ci-dessus, le télescope spatial dans ses enveloppes protectrices avant le lancement ; à droite, une vue en coupe :

1 Antenne radio
2 Miroir primaire
3 Miroir secondaire
4 Porte (fente) d'ouverture
5 Tube pare-lumière
6 Panneaux solaires
7 Suiveurs d'étoiles
8 Caméra planétaire / grand champ
9 Instruments scientifiques
10 Panneau de poupe
11 Senseurs de pointage fin
12 Module de support

Camera (FOC), caméra d'observation des objets faibles. La FOC (en bas), construite par l'Agence spatiale européenne, est l'instrument qui est censé exploiter au mieux la résolution du télescope spatial – jusqu'à 7 millièmes de seconde d'arc : il est capable de détecter des objets au moins 30 fois plus faibles que ne le font les meilleurs télescopes au sol ; ce qui revient à voir une pièce de 5 F à une distance de 700 km !

L'appareil de mesure de la FOC comporte deux intensificateurs d'images comparables au tube à rayons cathodiques d'une caméra de télévision. Montée à angle droit par rapport à l'axe optique, se trouve enfin la caméra planétaire/grand champ (WF/PC pour *Wide Field/Planetary Camera*). La WF/PC (à droite) opère sur deux modes complémentaires, grâce à la présence d'un petit miroir mobile en forme de pyramide capable de diriger de façon adéquate la lumière incidente : cette caméra peut photographier des images d'objets célestes en opérant soit à grand champ et agrandissement faible, soit à petit champ mais avec une plus grande résolution, par exemple sur les planètes. Dans les deux cas, l'appareillage de mesure est formé d'un groupe de quatre caméras CCD à transfert de charge (*Charge Coupled Device*).

En résumé, libéré des inconvénients de l'atmosphère, le télescope est conçu pour avoir une résolution spectrale très vaste, capable de révéler une lumière dans une longueur d'onde allant de l'extrême ultraviolet (115 nanomètres) à l'infrarouge lointain (1 cm), environ 3 000 fois plus étendue que celle accessible aux télescopes implantés au sol. Initialement, toutefois, les cinq instruments montés sur le télescope couvrent un intervalle entre « seulement » 115 et 1 100 nanomètres.

Le télescope spatial a été baptisé du nom d'Edwin Hubble (en anglais *Hubble Space Telescope* ou HST), le plus grand astronome du siècle : il découvrit, notamment, l'expansion de l'Univers, la nature extragalactique des nébuleuses spirales et mit au point le premier système de classification des galaxies.

Sur cette page, à gauche, vue externe de la Faint Object Camera.

En bas, coupe éclatée de la Wide Field and Planetary Camera :
1 Échangeur de chaleur
2 Radiateur externe
3 Petit miroir pyramidal
4 Lumière incidente
5 Miroir déflecteur
6 Bobine porte-filtres
7 Diaphragme
8 Tube pour le flux de la lumière ultraviolette
9 Lumière ultraviolette solaire
10 Caméra CCD

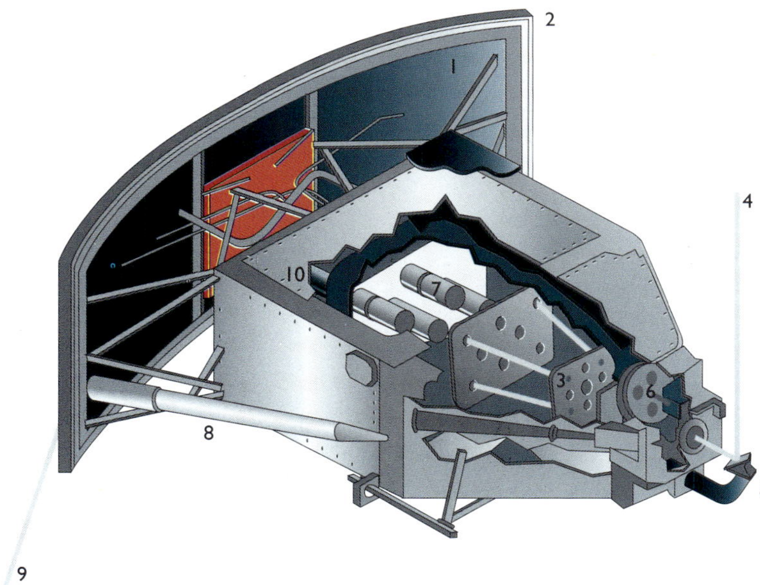

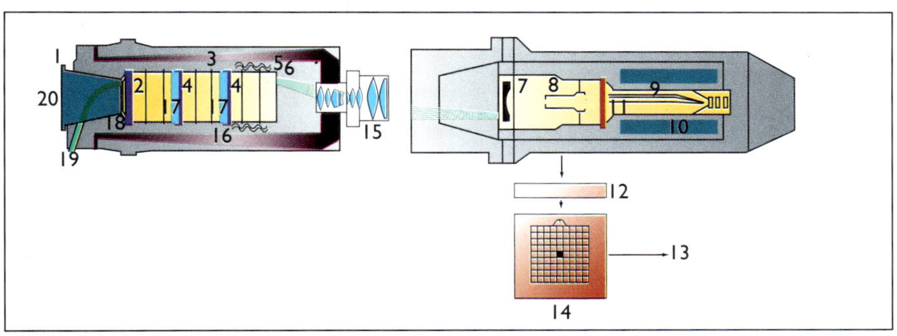

À gauche, section de la Faint Object Camera :
1 Diaphragme
2 Photocathode à bialcalin
3 Dispositif magnétique pour la mise à feu
4 Photocathodes
5 Serpentin
6 Phosphore d'émission
7 Photocathode
8 Tube de télévision
9 Lumière rouge
10 Serpentin de scansion
11 Patin de silicium
12 Préamplificateur
13 Envoi à la base de données
14 Unité d'élaboration vidéo
15 Lentilles de collimation
16 Intensificateur à trois phases
17 Phosphores
18 Lame frontale
19 Conducteur à haut voltage
20 Lumière incidente

Page ci-contre, le 24 avril 1990, après tant d'attentes et d'ajournements, s'ouvre enfin l'ère du télescope spatial : une révolution dans l'histoire de l'astronomie. À bord de la navette *Discovery*, le télescope s'élève de Cap Canaveral en Floride, au milieu de flammes rougeoyantes et dans un fracas de tonnerre. Le départ d'une navette est en soi un spectacle fascinant et unique au monde, mais, cette fois, la tension et l'émotion sont à leur comble : c'est, en effet, la « septième merveille » de la communauté internationale dans la recherche astronomique qui part, portant tous les espoirs de milliers de chercheurs ainsi que les rêves et les désirs de millions de passionnés d'astronomie. Qu'allait trouver Hubble ? Allait-il réussir à découvrir les destins d'autres étoiles ? Allait-il détecter de faibles céphéides dans des galaxies lointaines, contribuant ainsi à améliorer la connaissance des dimensions de l'Univers ? Allait-il parvenir à dénicher des trous noirs au centre des amas globulaires et des galaxies actives ? Allait-il résoudre une fois pour toutes l'énigme du quasar ? Allait-il vraiment photographier des étoiles en formation ? Comment allait-il voir les amas de galaxies lointains, aux confins de l'Univers ?

Le 25 avril 1990, le télescope spatial est définitivement déconnecté du bras mécanique de la navette, que l'on aperçoit en bas. L'instrument est placé en orbite circulaire à 614 km d'altitude, plus haut que prévu, car le lancement a lieu à une période de remarquable activité solaire, qui se traduit par une expansion de l'atmosphère terrestre : d'où une augmentation considérable des problèmes liés au frottement avec l'air, provoquant l'abaissement trop précoce de l'orbite du satellite.

■ Les deux photos (en haut et en bas) ont été prises avec une caméra Inax de 70 mm de focale, placée dans la soute de la navette.

Avant le lancement du télescope spatial, on a déployé des panneaux solaires pour capter l'énergie destinée à faire fonctionner les divers systèmes. On aperçoit, en bas sur la photo, le bras mécanique manipulé par le spécialiste Steven Hawley (qui se trouve à l'intérieur de la navette), pour déployer le premier des deux panneaux, qui est ouvert environ aux trois cinquièmes. Les panneaux, presque de la longueur du télescope (12 m), ont été construits par l'Agence saptiale européenne (ESA).

Ci-contre, une vue de la soute ouverte de la navette spatiale *Endeavour,* prise lors de la mission de récupération de Hubble, par un astronaute se trouvant près de l'extrémité du télescope. Au premier plan, le bras mécanique de la navette, point d'appui indispensable pour le travail des astronautes dans l'espace, manœuvré pendant la mission par l'astronaute de l'ESA Claude Nicollier. Sur le fond noir du ciel, le Soleil.

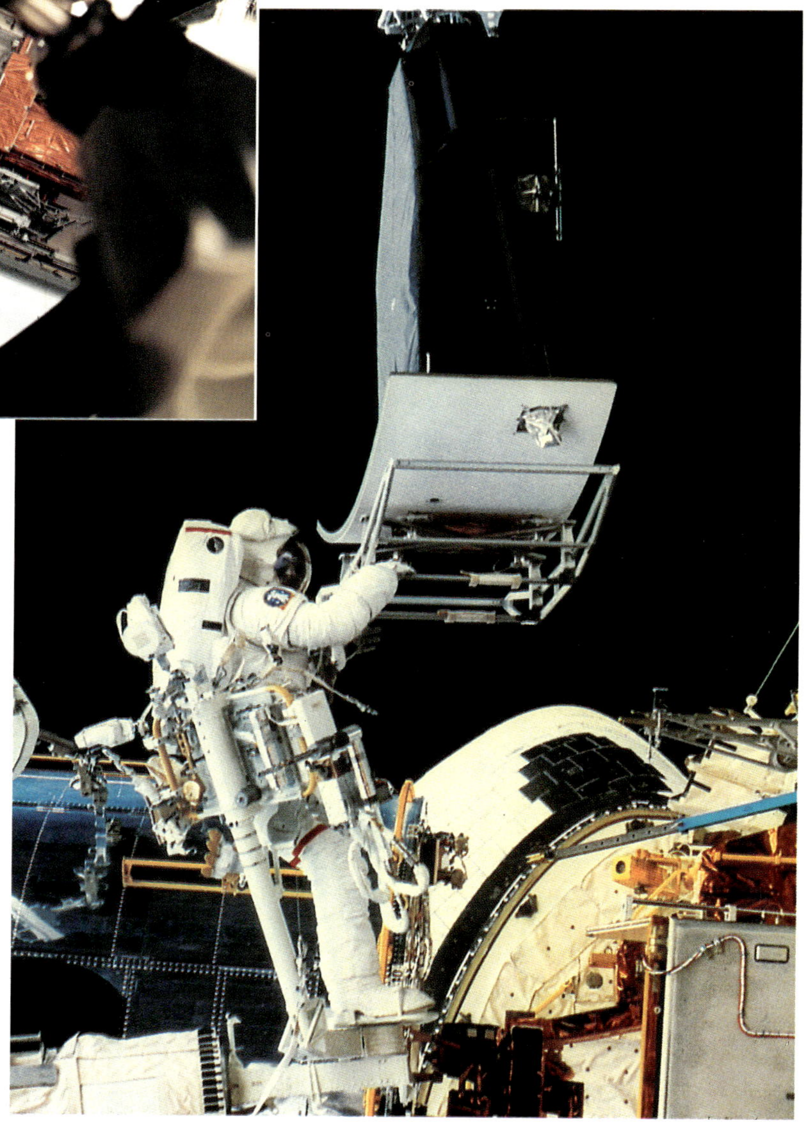

Sur cette page, les images de la mission historique, effectuée du 2 au 13 décembre 1993 et qui conduisit à la réparation du télescope spatial, opération la plus importante et la plus complexe jamais réalisée par l'homme dans l'espace. Les difficultés étaient si grandes que de nombreux astronomes souhaitaient au mieux que, après l'intervention, l'instrument puisse fonctionner aussi bien avant. Une mission de maintenance courante avait déjà été prévue ; mais, à présent, il ne s'agissait pas seulement de corriger les optiques, mais également de remettre en état le spectrographe à haute résolution et de réparer ou de remplacer toute une série de systèmes fonctionnant mal ou tombés en panne – dont les panneaux solaires et trois des six gyroscopes de contrôle à bord (dispositifs assurant la stabilité du satellite dans l'espace). Alors qu'un appareil adéquat, le COSTAR, avait été prévu pour les instruments axiaux, la WF/PC fut intégralement remplacée (comme cela avait été prévu) par un modèle résolument plus sophistiqué, la WF/PC-2, contenant les lentilles correctrices. La nouvelle WF/PC est dotée de capteurs CCD plus puissants qui améliorent sa sensibilité, notamment dans l'ultraviolet. On aperçoit à droite l'astronaute Jeffrey Hoffman emportant la WF/PC-1 après avoir installé la WF/PC-2.

À la fin de juin 1990, après deux mois d'interminables mises au point, de contrôles, de collimation des optiques, l'annonce par la NASA que le télescope spatial ne parvenait pas à mettre au point les images d'étoiles fit l'effet d'une douche froide. La cause, on le comprit vite, était imputable à un mauvais contrôle du miroir primaire : une aberration de sphéricité importante, qui avait échappé aux contrôles insuffisants (on s'en aperçut par la suite) effectués avant le lancement. En conséquence, Hubble, au lieu de voir les étoiles comme des têtes d'épingle, les percevait comme de grosses taches voilées. Cela se traduisait par une baisse importante des performances en termes tant de résolution – soit la capacité de distinguer les détails subtils – que de luminosité – soit la possibilité de détecter des étoiles très faibles. Pratiquement, le télescope spatial ne fonctionnait pas mieux que les télescopes au sol ! Après les premiers moments de stupeur, on s'aperçut que l'on pouvait y remédier. À court terme, du moins pour les objets plus lumineux, en procédant à un nettoyage méthodique des images à l'aide de l'ordinateur, visant à éliminer le fastidieux halo de lumière qui nuisait à sa qualité. À moyen terme, en effectuant une mission de réparation, qui doterait le télescope d'une optique corrective.

À gauche, Hubble s'apprête à être déconnecté de la navette après cinq journées intenses de travail, avec des tours de huit heures. Les autres astronautes impliqués dans l'entreprise étaient Story Musgrave (spécialiste de mission avec Thornton, Akers et Hoffman), Richard O. Covey (commandant) et Kenneth Bowersox (pilote de la navette).

Ci-dessus, dessin représentant le COSTAR (*Correptive Optics Space Telescope Axial Replacement*) : un bras mécanique comportant trois paires de miroirs s'avance sur l'axe optique du télescope. Chaque paire, formée d'un miroir de renvoi et d'un correcteur, est en mesure de corriger la lumière incidente pour chaque instrument axial. Le faisceau lumineux est intercepté par le premier miroir et réfléchi derrière, où il est collecté par le second, le correcteur, placé sur l'un des « doigts » déployés du bras mécanique, qui l'envoie à l'instrument. Les divers éléments sont :

1 Banc optique
2 Doigt porte-miroirs
3 Faisceau lumineux
4 Miroir de renvoi
5 Miroir correcteur

À droite, l'astronaute Kathryn Thornton extirpant le conteneur (de la taille d'un réfrigérateur et pesant 290 kg) du COSTAR de la soute de *Endeavour*, tandis que son compagnon Thomas Akers s'apprête à l'aider à installer l'instrument. Pour ne pas compliquer encore les manœuvres de substitution, l'on a malheureusement dû sacrifier le photomètre rapide, que l'on a remplacé par le COSTAR.

Malgré la grave aberration, le HST a travaillé à plein régime durant les premières années de la mission. Grâce au traitement électronique des images sur les corps célestes suffisamment lumineux, la résolution obtenue a été quasiment celle qui était prévue, soit 0,1" d'arc. Ce que confirment les photos présentées jusqu'à la page 129, toutes prises entre 1990 et 1993, avant la réparation en orbite. À droite, la planète Mars photographiée le 13 décembre 1990 avec la WF/PC dans le mode planétaire (PC) par Philip James, de l'université de Tolède.
■ Composition de trois images prises à travers des filtres bleu, vert et rouge.

La planète Jupiter photographiée le 28 mai 1991 par la PC. L'un des objectifs du télescope spatial était d'obtenir des images planétaires avec des détails jamais observés autrement que par des sondes spatiales comme les missons Voyager et Viking sur Mars, Jupiter et Saturne. Ces photographies ne laissent guère de doutes sur ce point (voir pp. 31, 34 et 133).
■ James Westphal (California Institute of Technology), qui a conçu également la WF/PC, a réalisé cette image, qui fait partie d'un programme plus vaste d'étude de l'atmosphère jupitérienne, par composition de trois photos obtenues successivement avec des filtres bleu, vert et rouge.

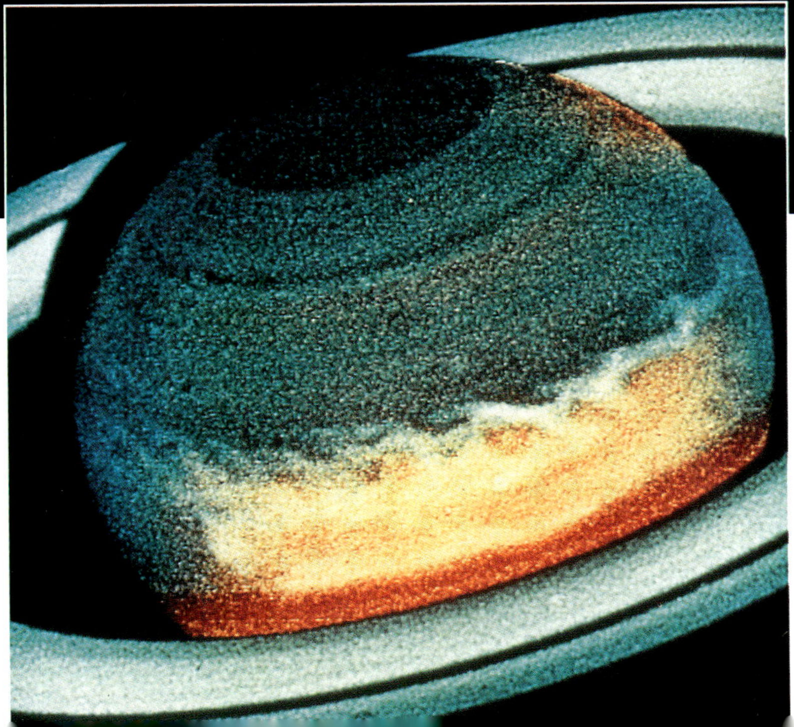

Ci-dessus, Saturne. Photo prise le 26 août 1990 avec la WF/PC dans le mode à grand champ (WFC). L'image révèle des détails atmosphériques de la région polaire nord, jusqu'alors inexplorée. ■ Composition de trois clichés en lumière bleue, verte et rouge (à 439, 547 et 718 nanomètres) dus à James Westphal.

À gauche, un aspect insolite de Saturne, pris par Westphal avec la PC le 9 novembre 1990, alors que la planète était traversée par une perturbation atmosphérique importante, phénomène cyclique qui se renouvelle chaque année saturnienne (tous les trente ans environ) quand l'hémisphère Nord est proche de l'été. Le réchauffement produit de forts courants convecteurs qui forment des nuages de vapeur d'eau et de cristaux d'ammoniac s'allongeant sous la force des vents saturniens. ■ Composition de deux images dans le bleu et l'infrarouge.

Une image prise avec la PC révèle la véritable nature de la nébuleuse gazeuse NGC 2440 dans la constellation de la Poupe, classée comme protoplanétaire. Non seulement l'on voit en détail la nébuleuse comme jamais encore on ne l'a vue, avec plusieurs filaments, structures rayonnées et nodules ; mais l'on distingue visiblement une étoile d'une extrême luminosité, insoupçonnée jusqu'alors. Un groupe de recherche, dirigé par Sally Heap du Goddard Space Flight Center de la NASA, a réussi à établir la température de surface de cet astre, 200 000 ° C, ce qui le place parmi les objets les plus chauds connus en astronomie. Il s'agit sans nul doute d'une naine blanche qui a produit autrefois la nébuleuse (qui doit donc être considérée comme planétaire) et, actuellement, la fait briller avec son puissant rayonnement ultraviolet.

Ainsi qu'on l'a vu au chapitre précédent, de nombreux astronomes sont convaincus que les galaxies elliptiques se forment lors de la rencontre entre deux galaxies normales en disque, ou deux galaxies spirales. Les images de NGC 1275 et NGC 7252 présentées à la page ci-contre semblent accréditer cette idée. En effet, dans cette hypothèse, le problème était d'expliquer comment les galaxies elliptiques tendent à avoir beaucoup plus d'amas globulaires que ceux que l'on obtient simplement en totalisant les amas de deux galaxies à disque. Un élément de réponse est fourni par les spectaculaires et stupéfiantes images présentées ici : au cours de la collision se forment de nouveaux amas globulaires. Durant la fusion des galaxies, une grande quantité de gaz va tomber des disques galactiques dans les noyaux, ou mieux dans l'unique noyau qui se forme, constituant un important réservoir capable d'alimenter une vigoureuse formation de nouvelles étoiles. Du fait de l'abondance de gaz, les étoiles naissent littéralement par grappes, formant des amas épais.

Le noyau de la galaxie elliptique active NGC 1275. Dans le point blanc central se niche le moteur énergétique de la galaxie, sans doute un trou noir supermassif. Autour d'elle gravitent en orbite une cinquantaine de petites boules bleues, interprétées comme des amas globulaires. Ils sont formés par des étoiles jeunes, alors que les noyaux galactiques et les amas globulaires sont normalement composés d'étoiles vieilles. Sans doute résultent-ils d'une collision entre deux galaxies spirales, qui a donné naissance à NGC 1275.
■ Photo de John Holtzman, du Lowell Observatory, avec la WF/PC.

De même, NGC 7252 naît de la rencontre entre deux galaxies. La WF/PC révèle une structure en spirale miniature entourée d'un essaim de quarante amas globulaires. Ils ont *grosso modo* la taille de notre Voie lactée, mais sont des centaines de fois plus lumineux et 20 fois plus jeunes ; leur formation, due à une collision entre les galaxies, remonterait à moins de 500 millions d'années.
■ Photo prise par Bradley Whitmore, du STScI, et par François Schweitzer de la Carnegie Institution de Washington.

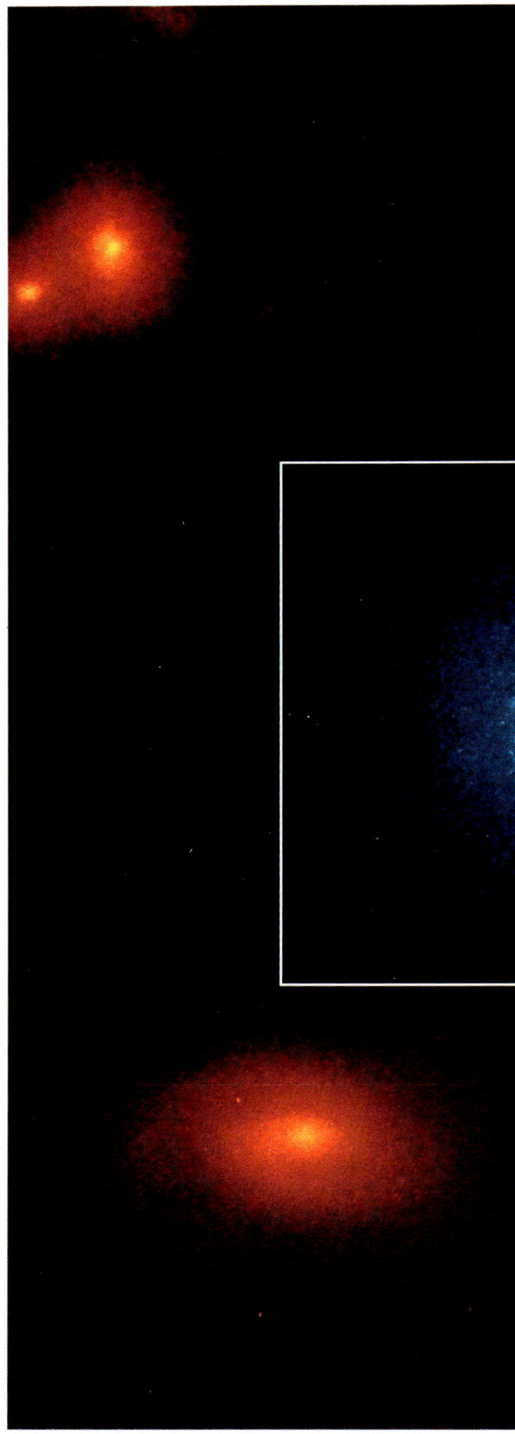

Dans l'encadré, la « Croix d'Einstein » ou « lentille de Huchra », le plus célèbre phénomène de lentille gravitationnelle, prise par la FOC. La lumière d'un quasar distant de 8 milliards d'années-lumière, passant au voisinage d'une galaxie vingt fois plus proche, la 2237 + 0305, dans la direction de visée, est déviée sous l'action de son champ gravitationnel, d'où les quatre images distinctes du même objet. La « croix » avait déjà été distinguée précédemment sur des images obtenues à l'aide de télescopes au sol, mais ici la résolution est au moins trois fois meilleure.
■ Photographie de P. Crane de l'ESO.

Il ressort de la théorie de la relativité générale, qui formule le principe d'équivalence entre matière et énergie, que la lumière issue d'un corps céleste peut être déviée par le champ gravitationnel. La première illustration de ce phénomène suit de quelques années la publication de la théorie de 1925 et remonte à l'éclipse de Soleil de 1919. Le célèbre astrophysicien britannique Arthur Eddington réussit à démontrer que la position de quelques étoiles visibles au voisinage du Soleil durant l'éclipse semblait avoir été déviée par le champ gravitationnel du Soleil. La première découverte d'une lentille gravitationnelle, le couple de quasars 0957 + 561 A, B dans la constellation de la Grande Ourse, remonte à 1980; elle est due aux astronomes anglais Dennis Walsh et Robert Carswell et à l'Américain Ray Weymann. Le télescope spatial, à la recherche de lentilles gravitationnelles, a observé 350 quasars. Curieusement, on n'en a trouvé que deux. Toutefois, grâce aux capacités supérieures de Hubble, on a pu considérablement améliorer la connaissance des paramètres des six autres systèmes déjà connus, en précisant le nombre des composantes et la morphologie des galaxies déformantes.

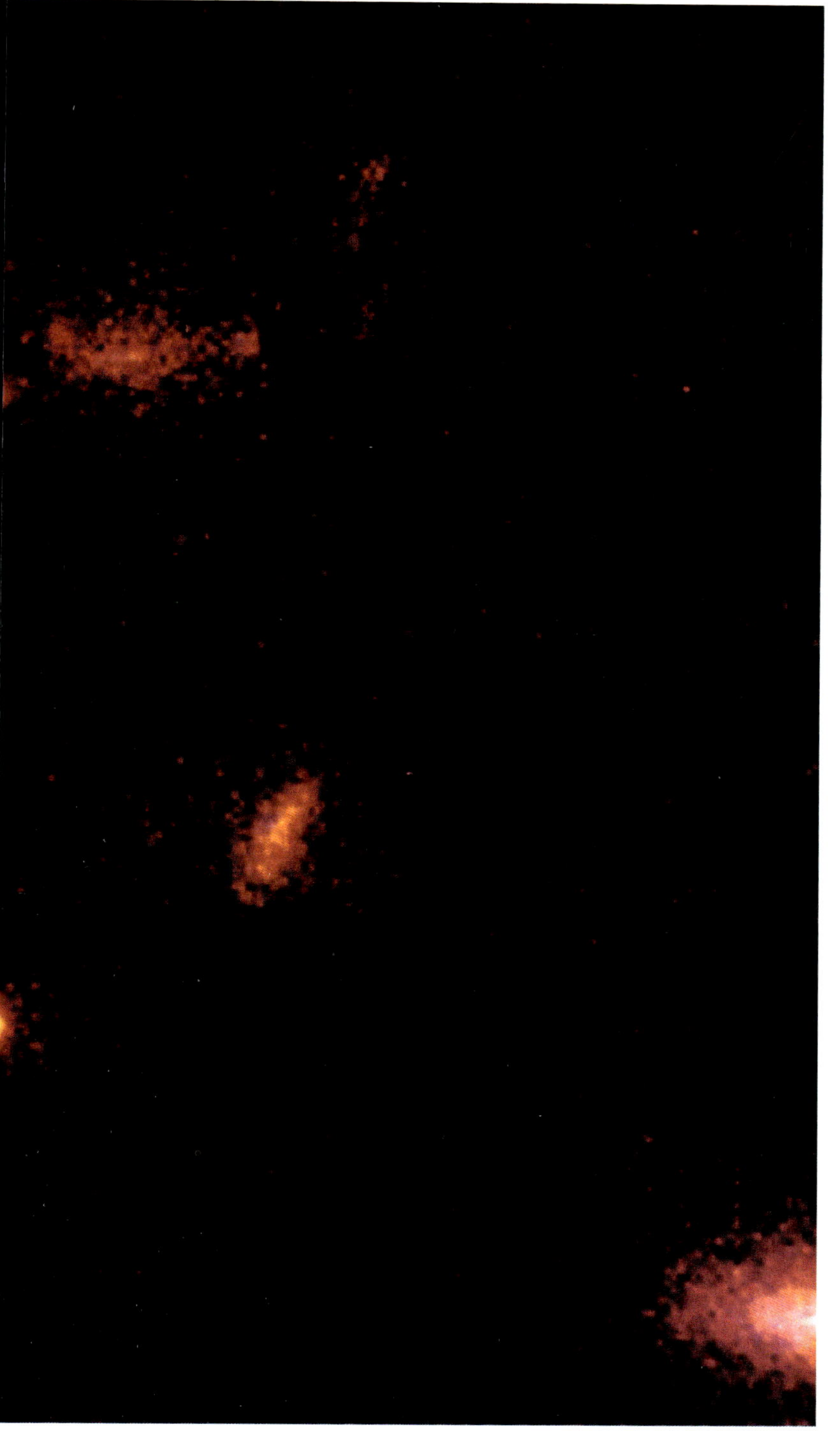
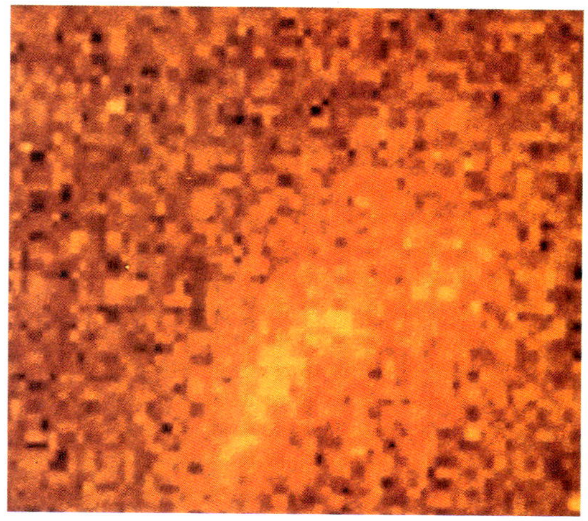
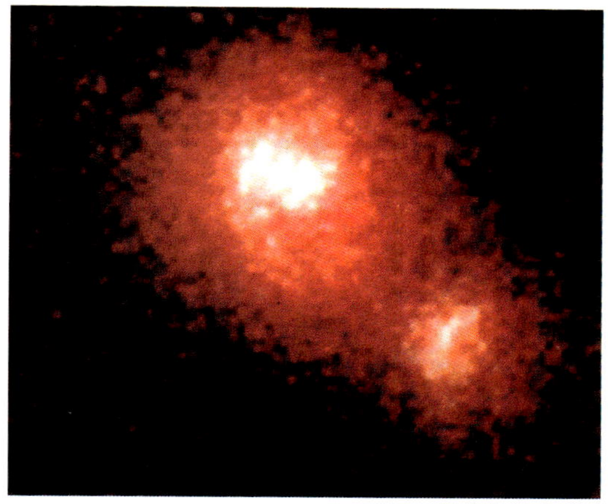
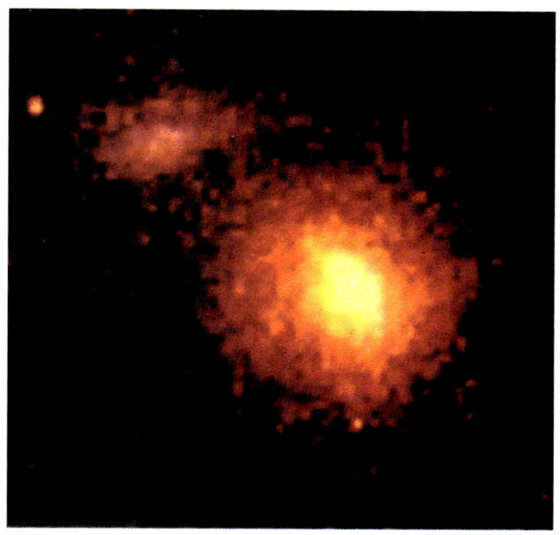

Page ci-contre et à gauche, composition d'images très affinées de galaxies distantes de 3 à 10 milliards d'années-lumière, prises par Richard Griffitchs du STScI avec la WFC en lumière jaune et dans l'infrarouge proche. Ces galaxies sont, à maints égards, différentes de celles que l'on observe actuellement, spirales, elliptiques ou irrégulières : il s'agit de petits objets informes qui semblent souvent avoir fusionné ou du moins qui sont en interaction. D'où l'hypothèse qu'il puisse s'agir de véritables galaxies primordiales.
Selon les théories les plus récentes, les galaxies actuelles se seraient formées à partir d'objets plus petits qui ont progressivement fusionné, accroissant ainsi leur taille. Ces images ont été obtenues dans le cadre d'une recherche plus approfondie, conduite par Griffiths et ses collègues, le *HST'Medium-Deep Survey*. Cette recherche a permis de collecter des centaines d'images de champs stellaires choisis au hasard dans le ciel afin d'étudier la morphologie de galaxies lointaines, et donc jeunes.

En 1929, Edwin Hubble découvre l'expansion de l'Univers, constatant que toutes les galaxies s'éloignent de nous à une vitesse proportionnelle à leur distance. Il énonce sa fameuse loi, qui établit, à travers une constante de proportionnalité désignée par Ho, la « constante de Hubble », un facteur de proportionnalité entre vitesse d'éloignement et distance. Il suffit donc de connaître la vitesse d'éloignement d'un corps céleste et la valeur de Ho pour connaître la distance. La vitesse est égale au rapport entre le décalage vers le rouge, désigné par z (une source lumineuse en train de s'écarter rougit, autrement dit la longueur d'onde de sa lumière augmente en proportion de la vitesse, facilement mesurable par les spectrographes) et la vitesse de la lumière. En revanche, la valeur de Ho reste incertaine (voir p. 135).

À droite, de haut en bas, trois images différentes de l'étoile Melnick 34, appartenant à la région de 30 Doradus dans le Grand Nuage de Magellan. En haut, telle qu'elle apparaît avec un grand télescope au sol dans des conditions atmosphériques optimales avec une résolution de 0,6" d'arc. Au centre, telle qu'on la voyait avec la WF/PC-1. L'avantage d'opérer en étant libéré des turbulences de l'atmosphère terrestre est évident : l'étoile a un aspect plus ponctuel et l'on distingue bien plus d'étoiles faibles. Toutefois, l'aberration de sphéricité crée un halo très gênant tout autour de l'étoile lumineuse, ce qui rend floues les images des autres étoiles. En bas, telle qu'elle apparaît avec la WF/PC-2, qui corrige l'aberration sphérique. Le halo auréolant l'étoile a disparu, son aspect est beaucoup plus ponctuel et l'on distingue bien plus d'étoiles faibles. Tandis que la WF/PC-1 ne réussissait à concentrer que 15 % de la lumière sur un petit disque de 0,1" de diamètre, la WF/PC-2 atteint 70 %, une concentration égale à la valeur qui était considérée dans les spécifications originales du télescope spatial.

À gauche, comparaison entre les images d'une même étoile photographiée avec la FOC avant (en haut) et après (en bas) l'application du COSTAR. Comme on peut le voir, les effets de l'aberration de sphéricité ont totalement disparu. Les résultats obtenus dépassent même toute attente : alors que les spécifications originales exigeaient que la FOC arrive à concentrer 70 % de la lumière incidente dans une tache de 0,1" de diamètre, on parvient à présent à 85 %. Avec ces capacités parfaitement rétablies, la FOC sera en mesure d'observer des objets célestes extrêmement faibles avec une netteté et une sensibilité sans précédents.

À gauche, Nova Cygni 1992. Ci-dessus, le 31 mai 1993, avant l'application de COSTAR ; ci-dessous, le 8 janvier 1994, après l'installation.

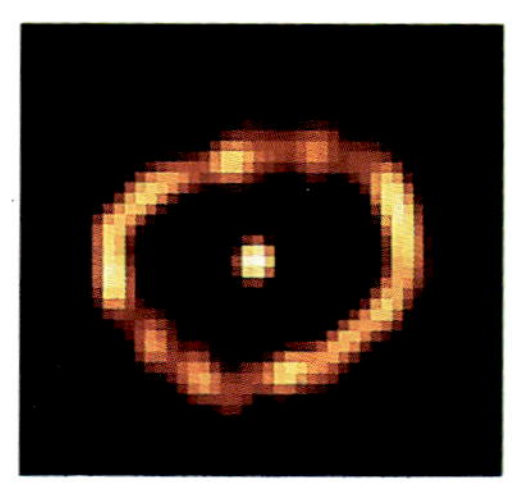

À gauche, on remarque non seulement la meilleure résolution mais aussi l'expansion de l'enveloppe gazeuse survenue dans l'intervalle parcouru (F. Paresce et R. Jedrzejewski, STScl).

Après la réparation de décembre 1993, une appréhension s'est emparée des scientifiques de la NASA et de l'Agence spatiale européenne, dans l'attente des premières images de la nouvelle WF/PC et de la FOC corrigées par COSTAR. La mise au point des deux systèmes ne devraient pas prendre le même temps. On ne pensait pas avoir des images complètement efficaces par la WF/PC-2 avant sept à huit semaines et par la FOC avant neuf à dix semaines. Mais l'on s'aperçut vite que les astronautes avaient travaillé efficacement. Au premier coup d'œil avec la WF/PC-2, le 18 décembre, cinq jours après la fin de la mission, les images stellaires étaient bien meilleures qu'avant la réparation, et cela sans qu'il soit besoin de focaliser ! La caméra n'était hors foyer que d'une fraction de millimètre et désalignée de 2 %. Une bagatelle ! Dans ces conditions, la mise au point ne serait qu'un jeu d'enfant. La même chose pour le COSTAR : les manœuvres amorcées avec la FOC dès le 28 décembre permettraient d'aligner les optiques en quatre mouvements seulement. Ainsi, les premières images parfaitement correctes de corps célestes ont pu être obtenues dès le 13 janvier avec la WF/PC-2 et dès le 8 janvier avec la FOC.

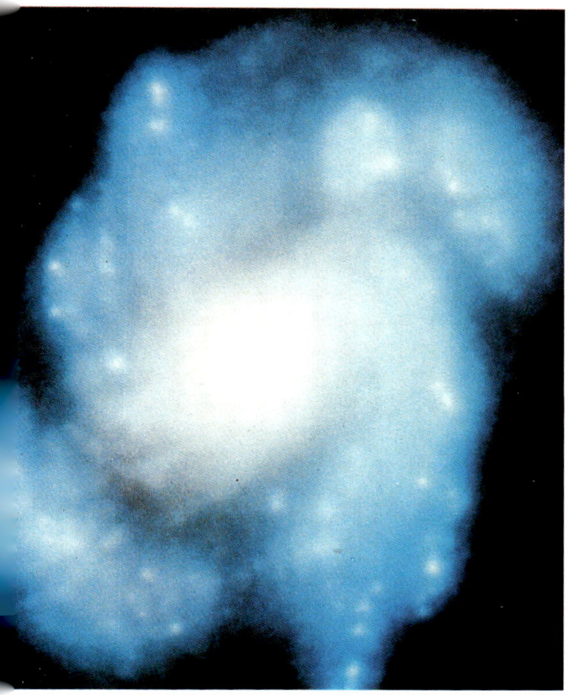

Le 31 décembre 1993, la WF/PC-2 photographiait à nouveau le noyau de la galaxie M 100, dans l'amas de la Vierge (à droite). L'image est comparée avec une autre du même objet prise le 27 novembre 1993 par la WF/PC-1. M 100 est une galaxie spirale, à noyau également en spirale, à la suite d'une ancienne collision avec une autre galaxie.
L'amélioration de la résolution saute aux yeux : sur l'image de droite apparaissent des dizaines de détails, la structure est nette jusqu'aux bras spiralés et l'on distingue des centaines d'étoiles individuelles.

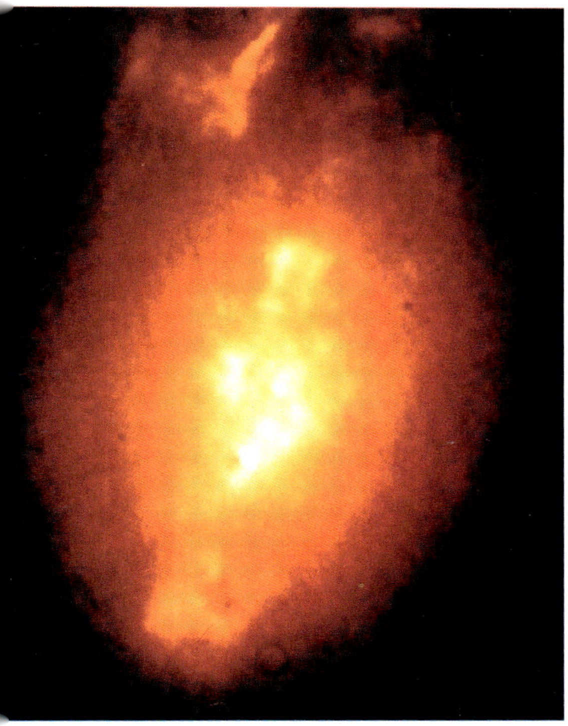

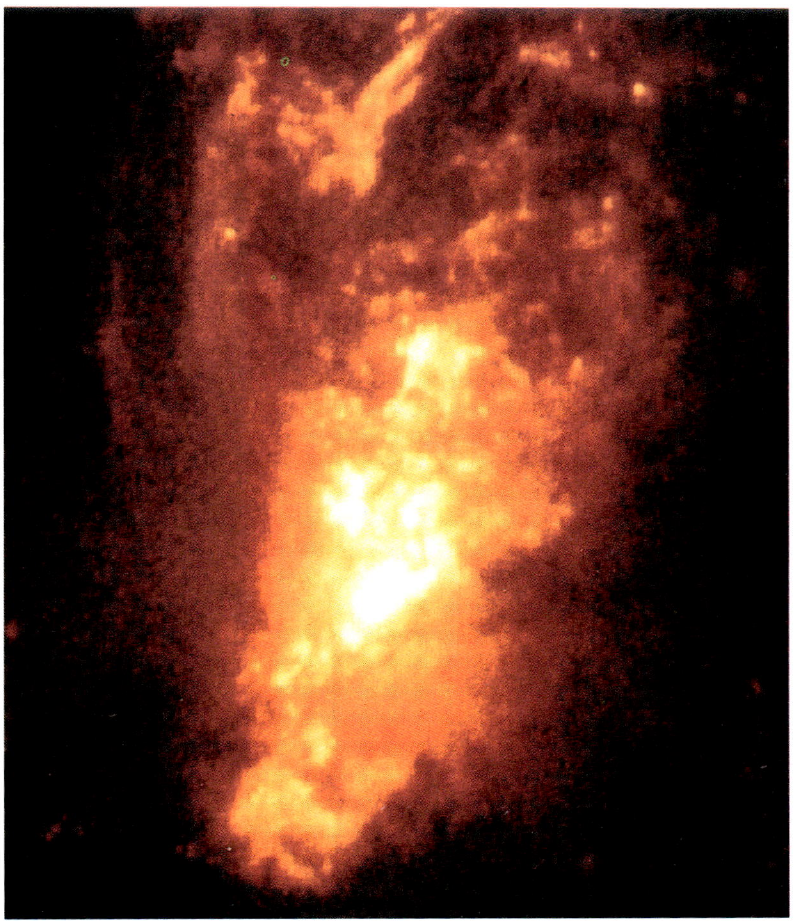

La comparaison entre les images de la FOC pré- et post-COSTAR de la région nucléaire de la galaxie de Seyfert de type II NGC 1068 révèle une incroyable richesse de détails. Déjà dans la première image (à gauche) l'on distinguait plusieurs zones gazeuses ionisées par l'intense luminosité provenant du noyau actif. Dorénavant, la vision affinée des filaments gazeux nucléaires permettra de préciser comment s'opèrent la production et la distribution d'énergie du moteur central de la galaxie, probablement un trou noir supermassif de 100 millions de masses solaires.
■ Photo de Duccio Macchetto, ESA/STScI.

En mars 1977 est prévue une autre mission de service, pour remplacer les deux spectrographes par deux instruments de seconde génération, le Space Telescope Imaging Spectograph, 30 fois plus puissant et la Near Infrared Camera, qui étendra l'intervalle de détection du télescope à l'infrarouge proche. D'ici à l'an 2000, l'Agence spatiale européenne devrait mettre aussi au point une nouvelle FOC.

En bas, cette mosaïque de la comète Shoemaker-Levy 9, baptisée « Collier de Perles », a été composée à partir de trois clichés : deux obtenus avec la nouvelle WFC et un autre avec la PC du télescope spatial le 24 janvier 1994. Au centre, cliché du 27 janvier avec la PC, sur lequel apparaissent quelques-uns des plus grands fragments, d'un diamètre de l'ordre de 3 km.
En haut, à titre de comparaison, une image prise avec l'ancienne WF/PC en juillet 1993. Entre-temps, la bande a continué à s'allonger : en effet, après la cassure, chacun des fragments s'est déplacé sur une orbite indépendante, du fait de leur distance différente, même de peu, du centre de Jupiter au moment de la fragmentation, modifiant sensiblement l'aspect du train cométaire. Des images comme celles-ci ont été capitales pour la connaissance de la taille et de la densité des fragments et pour les prévisions concernant l'énergie libérée lors de l'impact des fragments sur Jupiter.
■ Images de Harold A. Heaver et T. E. Smith, du Space Telescope Science Institute.

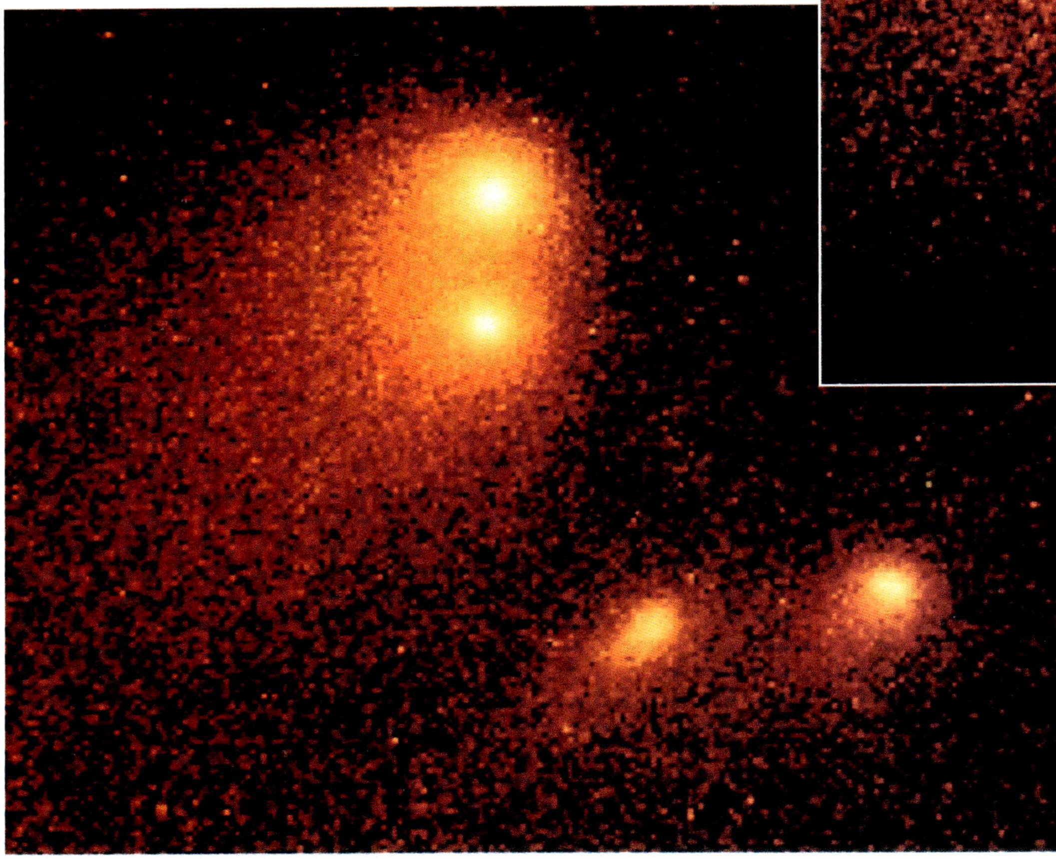

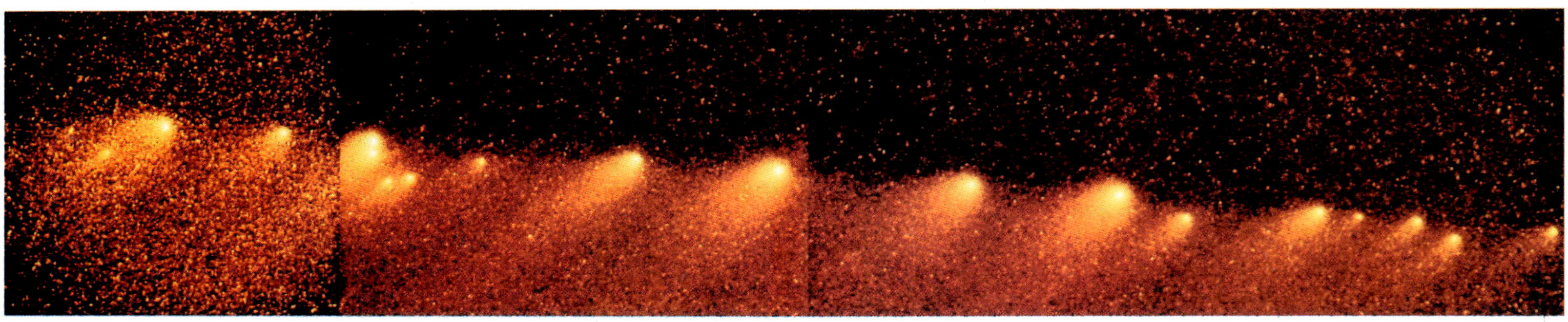

Le 15 mars 1993, les époux Eugène et Carolyn Shoemaker ainsi que David Levy découvrent, à l'aide du télescope Schmidt de 46 cm du mont Palomar, une nouvelle comète, quelque peu insolite. Au lieu d'un nuage diffus, elle a l'aspect d'une barre entourée d'un halo allongé. Des prises de vues successives avec des télecopes plus puissants révèlent sa véritable nature : une bande d'une vingtaine de fragments de comète au voisinage de Jupiter. Initialement en orbite autour du Soleil, la comète Shoemaker-Levy 9 est capturée en 1970 par Jupiter et, le 8 juillet 1992, un rapprochement suicidaire avec la grande planète provoque sa cassure. Son orbite s'en trouve modifiée, si bien que les fragments de la comète tombent sur Jupiter du 16 au 22 juillet 1994. C'est la première fois que l'humanité assiste en direct à un tel événement. Aussitôt, les prévisions vont bon train. Puisque les impacts se produisent du côté opposé à celui qui est visible, il n'est pas possible de les détecter directement ; mais leurs effets peuvent l'être, sous forme de perturbations atmosphériques étendues, visibles après la rotation de Jupiter, exibant alors les cicatrices des impacts. C'est le télescope Hubble, une fois de plus, qui allait produire les meilleures images de l'événement.

Ci-dessus, panoramique de huit des cicatrices laissées par la chute des fragments de la comète Shoemaker-Levy 9. Les effets des impacts sont beaucoup plus importants que prévu et l'on observe les perturbations atmosphériques avec de petits télescopes. L'énergie libérée équivaut à 1000 fois tout l'arsenal nucléaire terrestre (*HST Comet Team*).
À droite, prise de vue des sites des impacts des fragments D et G de la Shoemaker-Levy 9 sur Jupiter le 21 juillet, 1 h et 45 s après la chute du fragment G (Heidi Hammel, Massachusetts Institute of Technology). La cicatrice G a la taille de la Terre !
■ Ces images en trichromie ont été obtenues à partir de clichés avec la PC en lumière bleue, verte et rouge à 410 555 et 953 nanomètres, avec la résolution spectaculaire de 0,05".

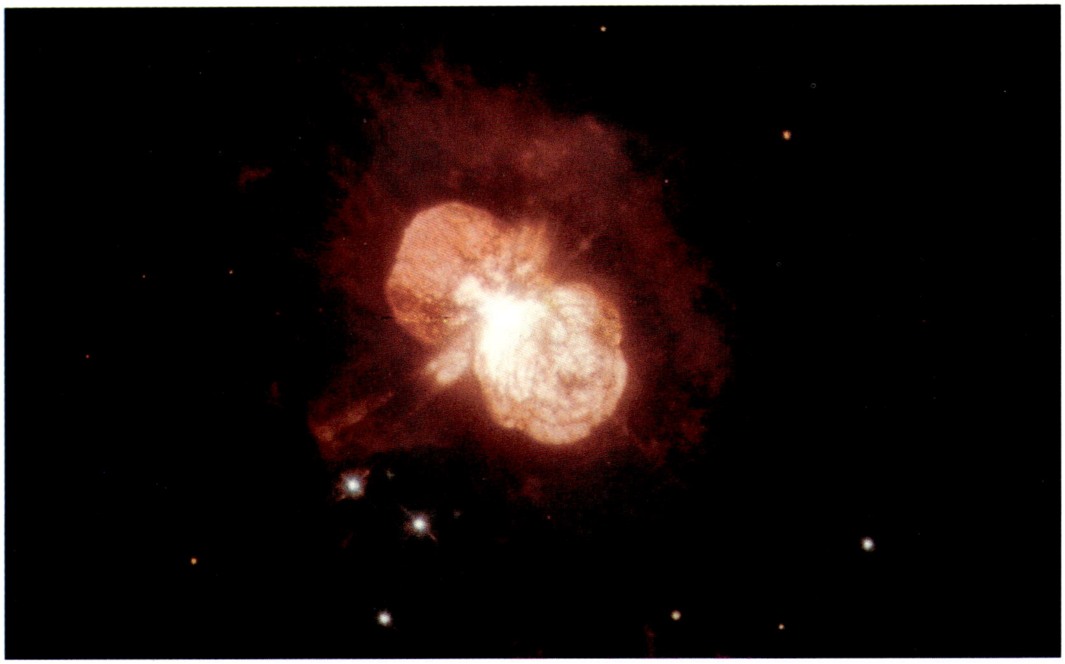

À gauche, la nébuleuse qui entoure l'étoile êta Carinae (à peine visible au centre, au croisement des pointes de diffraction du télescope). Êta Carinae est l'une des étoiles les plus brillantes et les plus massives : 150 fois plus massive que le Soleil et 4 millions de fois plus lumineuse. Le gaz que l'on distingue a été éjecté lors de l'explosion de l'étoile au siècle dernier (voir p. 58). Le halo rougeâtre extérieur est composé d'azote et d'autres éléments formés dans le noyau stellaire et son expansion s'opère à 900 km/s. Les deux lobes lumineux plus proches de l'étoile sont formés de poussières qui reflètent la lumière d'êta Carinae. L'expansion du lobe (en bas à droite) se fait dans notre direction, l'autre en sens opposé. D'après les précédents modèles de cet astre, l'on pensait à un disque dense qui entoure l'étoile, dans lequel la matière éjectée s'échappe par les pôles du disque. On observe, en revanche, un phénomène tout à fait insolite : le matériel se disperse à grande vitesse dans le plan même de l'hypothétique disque. ■ Image de Jeff Hester de l'Arizona State University avec la WF/PC-2.

À droite, la région de formation stellaire de la nébuleuse 30 Doradus dans le Grand Nuage de Magellan. La grande image est une mosaïque d'images obtenue avec la WFPC-2 dans le mode de résolution maximale. La nébuleuse est une « région H II », autrement dit de l'hydrogène ionisé par l'intense rayonnement ultraviolet des étoiles excitatrices très chaudes. Dans ce cas, les étoiles, parmi les plus brillantes et les plus massives que l'on connaisse, sont plus de trois mille et forment un amas, appelé R 136, bien visible sur la petite image. L'analyse des images de R 136 montre que la formation d'étoiles de masse inférieure à celle du Soleil est aussi rapide que celle des étoiles bien plus grandes.

À gauche, la galaxie M 100 prise avec la WF/PC-2. Le grand champ fait apparaître quelques étoiles isolées et de longs filaments de poussière dans les bras spiraux externes, tandis que le zoom de la PC résout la structure complexe du noyau galactique.
■ Composition de trois images en lumière bleue, verte et rouge.

En bas, une région de la Grande Nébuleuse d'Orion, l'une des plus proches de formation stellaire. Les différentes couleurs distinguent les gaz ionisés par le rayonnement ultraviolet d'étoiles brillantes : le rouge correspond à l'azote, le vert à l'hydrogène, le bleu à l'oxygène. On voit clairement quelques étoiles enveloppées de disques de gaz et de poussières, probablement des protoplanétaires (voir p. 49).

La résolution de la WF/PC-2 sur des galaxies comme M 100 a permis de s'attaquer à l'un des grands problèmes pour lesquels le télescope spatial a été conçu : l'observation de céphéides variables (voir p. 47) dans les galaxies lointaines, susceptible de faire connaître avec précision la distance de la galaxie et d'en déduire, selon la loi de Hubble, la valeur de Ho. Cette dernière est égale au rapport entre la vitesse d'éloignement de la galaxie et sa distance. En mai 1994, Wendy Freedman, des Carnegie Observatories, a étudié vingt céphéides précisément dans M 100, parvenant à en mesurer avec précision la distance et, donc, la valeur de Ho : 25 km/s par million d'années-lumière. Cela conduit à démontrer, notamment, que l'Univers est beaucoup plus jeune qu'on le pensait : environ 8 milliards d'années.

Les télescopes optiques

Les télescopes à miroirs de trois mètres de diamètre ou plus actuellement en service

Tous les grands télescopes ont un miroir pour objectif et ont une combinaison optique Cassegrain ou sa variante dite Ritchey-Crétien, illustrée par la vue en coupe du télescope spatial (p. 118) : la lumière collectée par l'ouverture de l'instrument est réfléchie derrière par le miroir primaire, percé en son centre, vers un miroir secondaire qui la renvoie définitivement à travers le trou du miroir primaire vers le foyer, point où sont placés les appareils de mesure, chambres photographiques, spectroscopes ou CCD.
Le rapport focal d'un télescope est le rapport entre la distance focale du miroir primaire (autrement dit la distance entre le foyer et le miroir, point de convergence des rayons lumineux) et son diamètre. Presque tous les télescopes ont plus d'un rapport focal car ils possèdent, outre le foyer Cassegrain, au moins un autre foyer plus court, dit foyer primaire (qui coïncide pratiquement avec la position du miroir secondaire) et un ou plusieurs foyers plus longs, obtenus grâce à l'interposition d'autres miroirs dits tertiaires.

Télescope Observatoire Localité	Diamètre Combinaison optique Rapport focal	Latitude Longitude Altitude	Année	Note
Keck I Telescope **W.M. Keck Observatory** Mauna Kea, Hawaii, USA	9,82 m Ritchey-Crétien f/1,75-15-25	19°49' N 155°28' O 4150 m	1991	Optique active miroir composite
Bol'shoi Teleskop Azimutal'nyi Observatoire Astrophysique Spécial Mont Pastukhov, Russie	6 m Ritchey-Crétien f/4-30	43°39' N 41°26' E 2100 m	1975	Miroir primaire remplacé en 1984
George Ellery Hale Telescope Palomar Observatory Mont Palomar, Californie, USA	5,08 m Cassegrain f/3,3-16-30	33°21' N 116°52' O 1706 m	1948	
Multiple Mirror Telescope MMT Observatory Mont Hopkins, Arizona, USA	4,5 m f/2,7-9	31°41' N 110°53' O 2608 m	1979	Miroir composite
William Herschel Telescope Observatorio del Roque de Los Muchachos La Palma, Canarie, Espagne	4,2 m f/2,5-11	 28°46' N 17°53' O 2332 m	1987	Propriété du Royal Greenwich Obs.
4 meter Telescope Cerro Tololo Inter-American Observatory Cerro Tololo, Chili	4 m Ritchey-Crétien f/2,8-8	 30°10' S 70°49' O 2215 m	1976	
Anglo Australian Telescope Anglo Australian Observatory Mont Siding Spring, Australie	3,89 m Ritchey-Crétien f/3,3-8-15-36	31°17' S 49°04' E 1149 m	1975	
Nicholas Mayall Reflector Kitt Peak National Observatory Kitt Peak, Arizona, USA	3,81 m Ritchey-Crétien f/2,7-8-15,7-190	31°58' N 111°36' O 2120 m	1973	
United Kingdom Infrared Telescope Joint Astronomy Centre Mauna Kea, Hawaii, USA	3,8 m Cassegrain f/2,5-36	19°50' N 155°28' O 4194 m	1978	Seulement dans l'infrarouge
Canada-France-Hawaii Telescope Canada-France-Hawaii Telescope Corp. Mauna Kea, Hawaii, USA	3,58 m Cassegrain f/3,8-8-20-35	19°49' N 155°28' O 4200 m	1979	
ESO 3,6 meter Telescope European Southern Observatory La Silla, Chili	3,57 m Ritchey-Crétien f/3-8,1-32-35	29°16' S 70°44' O 2387 m	1977	
3,5 meter Telescope Observatorio de Calar Alto Calar Alto, Espagne	3,5 m Ritchey-Crétien f/3,5-3,9-10-35	37°13' N 2°32' O 2168 m	1984	Propriété du Centre astronomique hispano-allemand
New Technology Telescope European Southern Observatory La Silla, Chili	3,5 m Ritchey-Crétien f/2,2-11	29°16' S 70°44' O 2353 m	1989	Optique active

Télescope	Diamètre	Latitude	Année	Note
Observatoire	Combinaison optique	Longitude		
Localité	Rapport focal	Altitude		
Starfire Optical Range Telescope	3,5 m	35°02' N	1994	Optique adaptative
Kirtland Air Force Base		106°37' O		
New Mexico, USA	f/1,5	1950 m		
Astrophysical Research		32°47' N	1994	
Consortium Telescope	3,5 m	105°49' O		
Apache Point, New Mexico, USA	f/1,75	2800 m		
Wisconsin-Indiana				
Yale-NOAO Telescope	3,5 m	31°57' N	1994	Optique active
WIYN Observatory	Ritchey-Crétien	111°36' O		
Kitt Peak, Arizona, USA	f/1,75-6,3	2089 m		
Donald Shane Telescope	3,05 m	37°21' N	1959	
Lick Observatory	Ritchey-Crétien	121°38' O		
Mont Hamilton, Californie, USA	f/5-17-36	1290 m		
NASA Infrared Telescope Facility	3 m	19°50' N	1979	Seulement
Mauna Kea Observatory	Cassegrain	155°28' O		dans l'infrarouge
Mauna Kea, Hawaii, USA	f/2,5-35-120	4208 m		

Télescopes Schmidt à diamètre égal ou supérieur à 1 m actuellement en service

Télescope	Diamètre	Latitude	Année	Note
2-meter Telescope	1,34 m	50°59' N	1960	
Karl Schwarschild Observatorium	Cassegrain	11°43' E		
Tautenberg, Allemagne	f/3,0	331 m		
Oschin 48-inch Telescope	1,22 m	33°21' N	1948	
Palomar Observatory		116°51' O		
Mont Palomar, Californie, USA	f/2,47	1706 m		
United Kingdom Schmidt				
Telescope Unit	1,22 m	31°16' S	1973	
Royal Observatory, Edimbourg		149°04' E		
Mont Siding Spring, Australie		1145 m		
Telescope Schmidt Kiso	1,05 m	35°48' N	1975	Foyer secondaire
Observatoire Kiso	f/3,1	137°38' E		optionnel à f/22,6
Kiso, Japon	f/2,5	1130 m		
Telescope Schmidt 3TA-10	1,0 m	40°20' N	1961	
Observatoire Astrophysique de Byurakan		44°30' E		
Mont Aragatz, Armenie	f/2,13	1450 m		
Telescope Schmidt Kvistaberg	1,0 m	59°30' N	1963	
Observatoire de l'université d'Uppsala		17°36' E		
Kvistaberg, Suède	f/3,0	33 m		
ESO 1-meter Schmidt Telescope	1,0 m	29°15' S	1972	
European Southern Observatory		70°44' O		
La Silla, Chili	f/3,06	2318 m		
Télescope Schmidt de 1 mètre				
du Vénézuela	1,0 m	8°47' N	1978	
« Centro J. Duarte »	f/3,0	70°52' O		
Llano del Hato, Merida, Vénézuela		3610 m		

Télescopes optiques à grand diamètre actuellement en construction

Télescope	Diamètre	Latitude	Année	Note
Very Large Telescope	16 m (équivalent)	24°51' S	2000	4 miroirs de
European Southern Observatory	Ritchey-Crétien	70°27' O		8,2 m chacun,
Cerro Paranal, Chili	f/13,5-15 (chaque miroir)	2640 m		optique adaptative
Large Binocular Telescope	11,8 m (équivalent)	32°42' N	1997	2 miroirs de
Columbus Project	Cassegrain	109°51' O		8,4 m chacun
Mont Graham, Arizona, USA	f/1,14-5,4-15 (chaque miroir)	3170 m		
Hobby-Eberly Telescope	11 m	30°40' N	1996	Miroir composite
McDonald Observatory		104°01' O		(spectroscope
Mont Locke, Texas, USA	f/1,3	2075 m		exclusivement)
Keck II Telescope	9,82 m	19°49' N	1996	Équivalent du Keck I,
W.M. Keck Observatory	Ritchey-Crétien	155°28' O		(à 85 m de ceui-ci)
Mauna Kea, Hawaii, USA	f/1,75-15-25	4150 m		
Telescope Subaru			2000	Optique active
Observatoire Astronomique	8,3 m	19°49' N		
National (Japon)	Ritchey-Crétien	155°28' O		
Mauna Kea, Hawaii, USA	f/1,8-12,5-35	4215 m		
Gemini Telescope (North)	8,1 m	19°49' N	1999	Optimisé pour
Joint Astronomy Center		155°28' O		l'infrarouge
Mauna Kea, Hawaii, USA	f/1,8-16-19,6	4100 m		
Gemini Telescope (South)	8,1 m	30°21' S	2001	Propiété USA,
Cerro Tololo Inter-American Observatory		70°49' O		Argentine, RU, Chili
Cerro Pachon, Chili	f/1,8-6-16-19,6	2725 m		Brésil, Canada
New Multiple Mirror Telescope	6,5 m	31°41' N	1996	
		110°53' O		
Mont Hopkins, Arizona, USA	f/1,25-5,4-9-15	2608 m		
Magellan Project	6,5 m	29°00' S	1998	Propriété de la
Las Campanas Observatory	Cassegrain et Gregory	70°42' O		Carnegie Institution
Las Campanas, Chili	f/1,25-11-15	2300 m		de Washington
Telescopio Nazionale Galileo			1996	À optiques actives
Observatorio del Roque	3,58 m	28°46' N		et adaptatives
de Los Muchachos	Ritchey-Crétien	17°53' O		
La Palma, Canarie, Espagne	f/2,2-11	2332 m		

Glossaire des termes techniques non expliqués dans le texte.

Barre Structure allongée qui remplace le bulbe central dans certaines galaxies spirales, leur donnant une configuration spéciale, dite précisément « barrée ».

Fausses couleurs Technique de représentation électronique de photographies en blanc et noir, dans laquelle à chaque ton de gris est assignée arbitrairement une couleur différente. Cette technique permet d'améliorer la qualité des images et de mettre en lumière certains détails.

Flyby Technique astronautique consistant à faire passer une sonde spatiale le plus près possible de la cible, l'exploration ne durant que les quelques heures nécessaires pour s'approcher au maximum.

Intensificateur d'image Dispositif électronique associé aux télescopes qui amplifie de plusieurs dizaines de fois l'éclat des étoiles, permettant de réduire considérablement les poses nécessaires pour capter sur la plaque photographique les images des objets célestes.

Magnitude L'éclat d'un objet céleste. On distingue la magnitude apparente, soit la mesure de l'éclat apparent d'un astre directement par l'observation, sans prendre en compte la distance de l'objet, et la magnitude absolue, valeur qu'aurait la magnitude d'un astre s'il était ramené à la distance standard de 32,6 années-lumière. Cette dernière exprime l'éclat réel, intrinsèque, de l'astre. La magnitude s'étend depuis des valeurs négatives ou très basses pour les corps les plus lumineux à des valeurs plus élevées pour les plus faibles. Les étoiles les plus brillantes ont une magnitude apparente négative, nulle ou égale à un. L'œil nu permet de discerner les astres jusqu'à la magnitude apparente 6 ; les télescopes les plus sophistiqués peuvent détecter les étoiles les plus faibles jusqu'à la magnitude apparente 29.

Marées Déformations d'un corps causées par les différences d'attraction exercées par un corps voisin sur les différents points du premier. Sous l'effet de cette action, les fluides, par exemple les eaux terrestres ou les gaz des galaxies, subissent d'importantes déformations.

NGC Sigle de New General Catalogue, catalogue de 7 840 nébulosités célestes (galaxies, nébuleuses, amas), publié par l'astronome Johan Ludwig Emil Dreyer en 1888, et qu'il compléta en 1895 et en 1908 avec le supplément de l'Index Catalogue (IC).

Orbiter Véhicule spatial mis en orbite de façon stable autour d'une planète ou autre corps céleste. L'exploration peut être ainsi bien plus complète et approfondie que lors d'un flyby (voir ce mot).

Planétésimales Petits corps solides, éléments de roches et de glace, de plusieurs kilomètres de diamètre qui, en s'assemblant, ont conduit il y a 4,6 milliards d'années, à la formation des grandes planètes du système solaire.

Protoétoile Nuage de gaz interstellaire qui, se trouvant en phase de contraction, va atteindre la pression et la température nécessaires pour amorcer les réactions thermonucléaires préludant à la naissance d'une véritable étoile.

Radiogalaxie Galaxie qui n'émet pas seulement une lumière visible mais également un rayonnement intense en radio. Les électrons en mouvement dans un champ magnétique très intense à des vitesses voisines de celles de la lumière sont à l'origine de cette émission. Celle-ci est appelée rayonnement synchroton, par analogie avec celle produite dans les accélérateurs de particules, ou syncrotons.

Seeing Terme anglais intraduisible indiquant les conditions d'observation astronomique, essentiellement à travers la mesure de la résolution angulaire maximale pouvant être obtenue. À terre, le seeing est lourdement conditionné par la turbulence atmosphérique ; dans l'espace il dépend exclusivement du diamètre ou de la précision des optiques du télescope. Pour un télescope terrestre, un seeing d'une seconde d'arc (qui équivaut à voir un cratère de 1,9 km de diamètre sur la Lune) est bon, celui d'une demi-seconde d'arc est excellent. La résolution moyenne du télescope spatial est de 0,05 seconde d'arc, ce qui revient à distinguer sur la Lune un cratère de moins de 100 mètres de diamètre.

Liste des abréviations d'organismes et observatoires mentionnés dans le volume
AATB : Anglo Australian Telescope Board
Caltech : California Institute of Technology
ESA : European Space Agency
ESO : European Southern Observatory (Observatoire européen austral)
JPL : Jet Propulsion Laboratory
NASA : National Aeronautics and Space Administration
NOAO : National Optical Astronomy Observatories
STScI : Space Telescope Science Institute
USGS : United States Geological Service

AATB: 17 (en haut)
R. Albrecht, ESA/ESO Space Telescope European Coordinating Facility/NASA: 34
American Science and Engineering/Harvard College Observatory: 40 (en bas)
Matt Bobrowsky, CTA Inc./NASA/ESA: 62 (en haut)
Kirk D. Borne, STScI/NASA: 109 (en bas à gauche)
Cristopher Burrows, ESA/STScI/NASA: 67 (encadré)
David F. Buscher, Institute of Astronomy, Cambridge University: 42 (en bas)
Caltech/University of California: 16 (à droite)
Conservatoire national des Arts et Métiers, Paris: 9 (en bas)
P. Crane, ESO/FOC Team/NASA/ESA: 128 (encadré)
Emmanuel Davoust, Observatoire Midi-Pyrénées: 114
Alan Dressler (Carnegie Institution), Augustus Oemler (Yale University), James E. Gunn (Princeton University), Harvey Butcher (the Netherlands Foundation for Research in Astronomy)/NASA: 104 (en bas)
ESA: 17 (en bas à droite), 36, 119
ESA/NASA: 118, 121 (en haut)
ESO: 13, 14 (en bas), 15 (au centre), 16 (en haut), 35, 54, 56, 58, 65 (en haut), 66, 77 (en haut), 79, 92, 95, 99 (en bas), 111 (au centre)
Fred Espenak/Science Photo Library/Grazia Neri: 39 (en haut)
H. Ford, Z. Tsvetanov, A. Davidsen, G. Kriss, John Kochbar (Applied Res. Corp.); R. Bohlin, G. Hartig, STScI; B. Margon, Univ. of Washington/NASA: 113
Robert Q. Fugate/Starfire Optical Range-USAF Phillips Laboratory: 14 (en haut)
Akira Fujii: 37 (à droite), 82, 84
Richard Griffiths, STScI/NASA: 128-129
Hale Observatories, Caltech: 61 (encadré), 65 (en bas), 68, 72-73, 93 (en bas), 99 (en haut)
Tony et Daphne Hallas: 51, 52-53, 86
H. Hammel, Massachusetts Institute of Technology/NASA: 133 (à droite)
Harvard-Smithsonian Center for Astrophysics: 44 (à droite), 114 (encadré)
Sally Heap, Goddard Space Flight Center/NASA/ESA: 126
J. Hester, Arizona State University/NASA: 134 (en haut)
John Holtzman, Lowell Observatory/WFPC Team/NASA/ESA: 127 (en haut)
Hubble Space Telescope Comet Team/NASA: 133 (à gauche)
Walter Jaffe, Observatoire de Leyde, Pays-Bas; Ford, Johns Hopkins University/NASA/ESA: 113 (en bas à droite)
Philip James, University of Toledo/NASA/ESA: 124 (en haut)
Robert Jedrzejewski/NASA/ESA: 78 (en bas)
JPL/University of Arizona: 12
L'Astronomia: 11
Severino Lodi: 37 (à gauche)
Duccio Macchetto/ESA/STScI/FOC Team/NASA/ESA: 115 (en bas à droite)
David Malin/AATB, 49 (en haut), 50 (en bas), 52 (encadré), 55, 57 (en haut), 60, 61, 64, 67, 70, 74 (à gauche), 88, 89, 90-91, 96, 97 (en haut), 112
David Malin/AATB/Royal Observatory Edinburgh: 50 (en haut), 59, 69, 98, 100, 102-103
David Malin/Instituto de Astrofisica de Canarias: 63, 93 (en haut)
Bruce Margon, University of Washington/NASA/ESA: 78 (en haut à droite)
J. Mazzarella: 111 (à droite)
Robert McClure, National Research Council of Canada: 14 (au centre)
Museo di Storia della Scienza, Florence: 8 (à gauche)
NASA: 120, 121 (en bas), 123 (en haut)
NASA Goddard Space Flight Center: 41 (en bas), 77 (en bas à droite), 82 (encadré), 105 (en bas), 117 (en bas), 125
NASA/JPL: 17 (à gauche), 19, 20 (à gauche), 22, 25, 26 (en bas à gauche et à droite), 27, 28, 30, 31 (en haut et en bas à droite), 32, 33, 49 (en bas), 130 (à gauche), 134 (en bas)
NASA/JPL/Science Photo Library/Grazia Neri: 20 (à droite)
NASA/JPL/USGS: 23, 29
NASA/JPL/USGS/Cornell University: 26 (en haut)
NASA Lyndon Johnson Space Center 122, 123 (en bas), 130 (à droite), 131, 135 (en haut)
NASA/STScI: 112 (encadré)
National Radio Astronomy Observatory/Associated Universities, Inc.: 83
Naval Research Laboratory: 41 (en haut)
NOAO: 16 (au centre), 40 (en haut), 57 (en bas), 62 (en bas), 71 (en bas), 77 (en bas à gauche), 78 (en haut à gauche), 91, 94, 103, 104 (en haut), 108 (en bas), 109 (en haut et en bas à droite), 116, 117 (en haut)
NOAO/T. Boroson: 107
NOAO/W. Schoening/N. Sharp: 87
NOAO/N.A. Sharp: 97 (en bas), 108 (en haut)
C.R. O'Dell/Rice University/NASA: 49 (à gauche), 135 (encadré)
F. Paresce, R. Jedrzejewski, STScI/ESA/NASA: 130 (en bas à droite)
Tom Prentiss: 9 (en haut)
Roger H. Ressmeyer-Starlight/MPA (Grazia Neri): 15 (à gauche)
Rudolph E. Schild: 111 (en haut)
Planetary Laboratory/NASA: 31 (en bas à gauche)
Peter H. Smith, University of Arizona Lunar and Thomas Soifer/Caltech/University of California: 115 (en bas à gauche)
STScI: 110
Robert Thomson/NASA/ESA: 115 (en haut)
USGS: 24
U.S. Naval Observatory: 76
Gabriele Vanin: 48
Gabriele Vanin/Associazione Astronomica Feltrina Rheticus: 39 (en bas), 42 (en haut), 43, 44 (à gauche), 45, 46, 47, 73 (encadré), 74 (à droite), 80 (à gauche), 81 (en haut)
Gabriele Vanin/Osservatorio Didattico Isaac Newton: 75
H.A. Weaver et T.E. Smith, STScI/NASA: 132
James Westphal, Caltech/WFPC Team/NASA/ESA: 124 (en bas), 125
Brad Whitmore, STScI/NASA/ESA: 127 (en bas)

Anderson, Charlene M. *A world of superlatives,* "The planetary report", vol. 12, n. 5 (septembre-octobre 1992), p. 16.
Ashbrook, Joseph. *Early photography and the great comet of 1882,* "Sky & Telescope", vol. 22, n. 6 (décembre 1961), p. 331.
Ashbrook, Joseph. *An episode in early astrophotography,* "Sky & Telescope", vol. 57, n. 2 (février 1979), p. 141.
Audouze, Jean; Israël, Guy (dir). *The Cambridge atlas of astronomy,* 2e ed., Cambridge (UK), Cambridge University Press, 1988.
Bahcall, John N.; Spitzer Jr., Lyman. *Lo Space Telescope,* "Le Scienze", n . 169 (septembre 1982), p. 10.
Balsiger, Hans; Fechtig, Hugo; Geiss, Johannes. *Uno sguardo ravvicinato alla cometa di Halley,* "Le Scienze", n. 243 (novembre 1988), p. 74.
Barnes, Joshua; Hernquist, Lars; Schweizer, François. *Galassie in collisione,* "Le Scienze", n. 278 (octobre 1991), p. 28.
Beatty, Kelly J.; Chaikin, Andrew (dir.). *The new solar system,* 3 ed., Cambridge (USA) and Cambridge (UK), Sky Publishing Corporation et Cambridge University Press, 1990.
Beatty, Jelly J. *Working Magellan's magic,* "Sky & Telescope", vol. 86. n. 2 (août 1993), p. 16.
Beatty, Kelly J.; Levy, David. *Awaiting the crash I and II,* "Sky & Telescope", vol. 87, n. 1 et vol. 88, n. 1 (janvier et juillet 1994), p. 40 et 18.
Binzel, Richard P. *Plutone,* "Le Scienze", n. 264 (août 1990), p. 14.
Blitz, Leo et autres. *The centre of the Milky Way,* "Nature", vol. 361, n. 6411 (4 février 1993), p. 417.
Böhm, Conrad A. *Il leviatano di Parsonstown,* "L'Astronomia", n. 34, (juin 1984), p. 42.
Böhm, Conrad A. *Le chiavi del cosmo,* Padova, Muzzio, 1989.
Braccesi, Alessandro; Caprara, Giovanni; Hack, Margherita. *Alla scoperta del sistema solare,* Milano, Mondadori, 1993.
Bruning, David. *Hubble better than new,* "Astronomy", vol. 22, n. 4 (avril 1994), p. 44.
Burbidge, Geoffrey; Hewitt, Adelaide. *A catalog of quasars near and far,* "Sky & Telescope", vol. 88, n. 6 (décembre 1994), p. 32.
Burnham, Robert Jr. *Burnham's celestial handbook,* New York, Dover, 1978.
Burns, Jack O. *Strutture grandissime nell'universo,* "Le Scienze", n. 217 (septembre 1986), p. 18.
Chevalier, Roger A. *Supernova 1987 A at five years of age,* "Nature", vol. 355, n. 6362 (20 février 1992), p. 691.
Chaffee, Frederic H. Jr. *La scoperta di una lente gravitazionale,* "Le Scienze", n . 149 (janvier 1981), p. 36.
Chin, Y.-N.; Huang, Y.-L. *Identification of the guest star of AD 185 as a comet rather than a supernova,* "Nature", vol. 371, n. 6496 (29 septembre 1994), p. 398.
Clark, David H.; Stephenson, F. Richard. *The historical supernovae,* Oxford, Pergamon Press, 1977.
Courvoisier, Thierry J.-L.; Robson, E. Ian. *Il Quasar 3C 273,* "Le Scienze" n. 276 (août 1991), p. 20.
Davidson, Greg. *How we'll fix Hubble,* "Astronomy", vol. 21, n. 2, (février 1993), p. 42.
De Vaucouleurs, Gerard. *I bracci di M 31,* "L'Astronomia", n. 80, (août-septembre 1988), p. 18.
Elmegreen, Debra Meloy; Elmegreen, Bruce. *What puts the spiral in spiral galaxies?,* "Astronomy", vol. 21, n. 9 (septembre 1993), p. 34.
Falomo, Renato. *Gli oggetti BL Lac e le loro galassie ospiti,* "L'Astronomia", n. 121 (mai 1992), p. 2.
Farinella, Paolo. *Pianetini visti da vicino,* "L'Astronomia", n. 150 (janvier 1995), p. 14.
Favero, Giancarlo. *L'evoluzione del sistema solare,* Roma, Curcio, 1986.
Ferris, Timothy. *Galassie,* Milano, Fabbri, 1981.
Fienberg, Richard Tresch. *HST: astronomy's discovery machine,* "Sky & Telescope", vol. 79, n. 4 (avril 1990), p. 366.
Fienberg, Richard Tresch. *Hubble's image restored* "Sky & Telescope", vol. 87, n. 4 (avril 1994), p. 20.
Finkbeiner, Ann. *Active galactic nuclei: sorting out the mess,* "Sky & Telescope", vol. 84, n. 2 (août 1992), p. 138.
Fischer, Daniel. *A telescope for tomorrow,* "Sky & Telescope", vol. 78, n. 3 (septembre 1989), p. 248.
Francis, Peter. *I pianeti: dieci anni di scoperte,* Torino, Boringhieri, 1985.
Freedman, Wendy L. *Velocità di espansione e dimensioni dell'universo,* "Le Scienze", n. 293 (janvier 1993), p. 16.
Freedman, Wendy L. et autres. *Distance to the Virgo cluster galaxy M 100 from Hubble Space Telescope observations of cepheids,* "Nature", vol. 371, n. 6500 (27 octobre 1994), p. 757.
Fugate, Robert Q. e altri. *Measurement of atmospheric wavefront distortion using scattered light from a laser guide-star,* "Nature", vol. 353, n. 6340 (12 septembre 1991), p. 144.
Fugate, Robert Q.; Wild, Walter J. *Untwinkling the stars I et II,* "Sky & Telescope", vol. 87, n. 5 et 6 (mai et juin 1994), p. 24 et 20.
Gilardi, Ando. *Storia sociale della fotografia,* Milano, Feltrinelli, 1976.
Gingerich, Owen. *The first photograph of a nebula,* "Sky & Telescope", vol. 60, n. 4 (octobre 1980), p. 364.
Godoli, Giovanni. *Il Sole,* Torino, Einaudi, 1982.
Goldstein, Alan. *Observing the Andromeda galaxy,* "Astronomy", vol. 19, n. 11 (novembre 1991), p. 76.
Goldwurm, A. et autres. *Evidence against a massive black hole at the galactic center,* "Nature", vol. 371, n. 6498 (13 octobre 1994), p. 589.
Greco, Vincenzo; Molesini, Giuseppe; Quercioli, Franco. *Optical tests of Galileo's lenses,* "Nature", vol. 358, n. 6382 (9 juillet 1992), p. 101.
Guaita, Cesare. *Meraviglie dallo Space Telescope,* "L'Astronomia", n. 127 (décembre 1992), p. 4.
Hallas, Tony; Mount, Daphne. *Enhanced-color astrophotography,* "Sky & Telescope", vol. 78, n. 2 (août 1989), p. 216.
Hardy, John W. *Ottica adattativa,* "Le Scienze", n. 312 (août 1994), p. 46.
Harris, William E. *Globular clusters in distant galaxies* "Sky & Telescope", vol. 81, n. 2 (février 1991), p. 148.
Hirshfeld, Alan; Sinnott, Roger W; Ochsenbein, François. *"Sky catalogue 2000.0"* Vol. 1, 2e ed., Cambridge (USA) et Cambridge (UK), Sky Publishing Corporation et Cambridge University Press, 1991.
Hirshfeld, Alan; Sinnott, Roger W. *"Sky catalogue 2000.0"* Vol. 2, Cambridge (USA) et Cambridge (UK), Sky Publishing Corporation et Cambridge University Press, 1985.
Hoskin, Michael. *William Herschel e la nascita dell'astronomia moderna* "Le Scienze", n. 216 (août 1986), p. 84.
Ibata, R.A.; Gilmore, G.; Irwin, M.G. *A dwarf satellite galaxy in Sagittarius,* "Nature", vol. 370, n. 6486 (21 juillet 1994), p. 194.
Janesick, James; Blouke, Morley. *Sky on a chip: the fabulous CCD,* "Sky & Telescope", vol. 74, n. 3 (septembre 1987), p. 238.
Johnson, Torrence V.; Soderblom, Laurence A. *Io,* "Le Scienze", n. 186 (février 1984), p. 50.
Keel, William C. *Crashing galaxies, cosmic fireworks,* "Sky & Telescope", vol. 77, n. 1 (janvier 1989), p. 18.
King, Henry C. *The history of the telescope,* New York, Dover, 1979.
Kristian, Jerome; Blouke, Morley. *Strumenti microelettronici in astronomia,* "Le Scienze", n. 172 (décembre 1982), p. 20.
Lada, Charles. *Deciphering the mysteries of stellar origins,* "Sky & Telescope", vol. 85, n. 5 (mai 1993), p. 18.

Lake, George. *Understanding the Hubble sequence*, "Sky & Telescope", vol. 83, n. 5 (mai 1992), p. 515.

Lake, George. *Cosmology of the Local Group*, "Sky & Telescope", vol. 84, n. 6 (décembre 1992) p. 613.

Lavega, Sanchez A. et autres. *The great white spot and disturbances in Saturn's equatorial atmosphere during 1990*, "Nature", vol. 353, n. 6343 (3 octobre 1991), p. 397.

Levy, David. *Pearls on a string*, "Sky & Telescope", vol. 86, n. 1 (juillet 1993), p. 38.

Luhmann, Janet G.; Pollack, James B.; Colin, Lawrence. *La missione Pioneer Venus*, "Le Scienze", n. 310 (juin 1994), p. 68.

Maffei, Paolo. *I mostri del cielo*, Milano, Mondadori, 1976.

Maffei, Paolo. *La cometa di Halley*, Milano, Mondadori, 1984.

Malin, David F.; Zealey, William J. *Astrophotography with unsharp masking*, "Sky & Telescope", vol. 57, n. 4 (avril 1979), p. 355.

Malin, David F. Colour photography in astronomy, Vistas in astronomy, vol. 24 (1980), p. 219.

Malin, David F. *Improved techniques for astrophotography*, "Sky & Telescope", vol. 62, n. 1 (juillet 1981), p. 4.

Malin, David F. *A view of the universe*, Cambridge (USA) et Cambridge (UK), Sky Publishing Corporation et Cambridge University Press, 1993.

Malin, David F. *Un universo a colori* "Le Scienze", n. 302 (octobre 1993), p. 40.

Mallas, John H; Kreimer, Evered. *The Messier album*, Cambridge (USA), Sky Publishing Corporation, 1978

Maran, Stephen (dir.). *The astronomy and astrophysics encyclopedia*, New York et Cambridge (UK), Van Nostrand et Cambridge University Press, 1992.

Miller, Joseph S. *La struttura delle nebulose a emissione*, "Le Scienze", n. 77 (janvier 1975), p. 24.

Miller, William C. *Color photography in astronomy*, Publications of the Astronomical Society of the Pacific, vol. 74, n. 441 (décembre 1962), p. 457.

Moore, Patrick. *Il guinness dell'astronomia*, Milano, Rizzoli, 1990.

Murray, Bruce C. *Mercurio*, "Le Scienze", n. 91 (mars 1976), p. 40.

Newhall, Beaumont. *L'immagine latente: storia dell'invenzione della fotografia*, Bologna, Zanichelli, 1969.

Osterbrock, Donald E.; Gwinn, Joel A.; Brashear, Ronald S. *Edwin Hubble e l'espansione dell'universo*, "Le Scienze", n. 301 (septembre 1993), p. 70.

Paresce, Francesco. *Faint Object camera: meglio non si può*, "L'Astronomia", n. 143 (mai 1994), p. 16.

Paresce, Francesco. *SN 1987 A: nuove sorprese*, "L'Astronomia", n. 146 (août-septembre 1994), p. 4.

Pierce, Michael J., et autres. *The Hubble constant and Virgo cluster distance from observations of cepheid variables*, "Nature", vol. 371, n. 6496 (29 septembre 1994), p. 385.

Primmerman, Charles A., et autres. *Compensation of atmospheric optical distortion using a synthetic beacon*, "Nature", vol. 353, n. 6340 (12 septembre 1991), p. 141.

Rees, Martin J. *Buchi neri al centro delle galassie*, "Le Scienze", n. 269 (janvier 1991), p. 24.

Romer, Grant B.; Delamoir, Jeannette. *Le prime fotografie a colori*, "Le Scienze", n. 258 (février 1990), p. 44.

Rosino, Leonida. *Le stelle variabili*, Roma, Curcio, 1988.

Sandberg, Thomas. *Gli albori della fotografia astronomica*, "L'Astronomia", n. 94 (décembre 1989), p. 58.

Schorn, Ronald A. *The extragalactic zoo I, II, III e IV*, "Sky & Telescope", vol. 75, n. 1 et 4, p. 23 et 376, vol. 76, n. 1 et 4, p. 36 et 344 (janvier, avril, juillet et octobre 1988).

Sinnott, Roger W.; Nyren, Kari. *S & T's guide to the world's largest telescopes*, "Sky & Telescope", vol. 86, n. 1 (juillet 1993), p. 27.

Soker, Noam. *Le nebulose planetarie*, "Le Scienze", n. 287 (juillet 1992), p. 34.

Staehle, Robert L.; Terrile, Richard J.; Weinstein, Stacy S. *To Pluto by way of a postage stamp*, "The planetary report", vol. 14, n. 5 (septembre-octobre 1994), p. 4.

Stephenson, Richard F. *Macchie solari prima del telescopio*, "L'Astronomia", n. 113 (août-septembre 1991), p. 18.

Stern, Alan. *Where has Pluto's family gone?*, "Astronomy", vol. 20, n. 9 (septembre 1992), p. 40.

Stone, Edward; Bane, Don. *The Voyager flight to Jupiter and Saturn*, Pasadena, NASA-JPL, 1982.

Strom, Robert G. *"Guest stars", sample completeness and the local supernova rate*, "Astronomy and Astrophysics", vol. 288 (3 septembre 1994), L1.

Tanga, Paolo. *La cometa si è tuffata*, "L'Astronomia", n. 147 (octobre 1994), p. 12.

Thomson, Robert C.; Mackay, Craig D.; Wright, Alan E. *Internal structure and polarization of the optical jet of the quasar 3C 273*, "Nature", vol. 365, n. 6442 (9 septembre 1993), p. 133.

Thorsett. S.E. *Identification of the pulsar PSR 1509-58 with the "guest star" of AD 185* "Nature", vol. 356, n. 6371 (23 avril 1992), p. 690.

Trimble, Virginia; Parker, Samantha. *Meet the Milky Way*, "Sky & Telescope", vol. 89, n. 1 (janvier 1995), p. 26.

Van den Bergh, Sidney; Hesser, James E. *La formazione della Via Lattea*, "Le Scienze", n. 295 (mars 1993), p. 36.

Vanin, Gabriele. *Il Voyager 2 incontra Nettuno*, "Astronomia UAI", n. 4 (juillet-août 1989), p. 3.

Vanin, Gabriele. *Il cielo dalla storia al futuro: un'introduzione all'astronomia moderna*, Galliera Veneta, Biroma, 1990.

Vanin, Gabriele. *Il presente e il futuro dei telescopi ottici*," Astronomia UAI", n. 3 (mai-juin 1991), p. 8.

Vanin, Gabriele. *Le missioni interplanetarie degli anni '90*, "Astronomia UAI", n. 4 (juillet-août 1991), p. 11.

Vanin, Gabriele. *Le Pleiadi e la leggenda dell'Atlantide perduta*, "L'Astronomia", n. 129 (février 1993), p. 22.

Vanin, Gabriele. *Stelle cadenti*, Galliera Veneta, Biroma, 1994.

Vanin, Gabriele. *Le grandi comete*, "L'Astronomia", n. 142 (avril 1994), p. 26.

Viking: the exploration of Mars, Pasadena, NASA-JPL, 1984.

Voyager: the grandest tour, Pasadena, NASA-JPL, 1991.

Weissman, Paul. *Bodies at the brink*," The planetary report", vol. 12, n. 1 (janvier-février 1992), p. 4.

West, Richard M. *Europe's astronomy machine*, "Sky & Telescope", vol. 75, n. 5 (mai 1988), p. 471.

Woosley, Stan; Weaver, Tom. *La grande supernova 1987 A*, "Le Scienze", n. 254 (octobre 1989), p. 20.

Wray, James D. *The color atlas of galaxies*, New York, Cambridge University Press, 1988.

Yeomans, Donald. *Comets: a chronological history of observation, science, myth, and folklore*, New York, Wiley, 1991.

Zaritsky, Dennis; Rix, Hans-Walter; Rieke, Marcia. *Inner spiral structure of the galaxy M 51*, Nature, vol. 364, n.6435 (22 juillet 1993), p. 313.

Garantie de l'éditeur
Pour vous parvenir à son plus juste prix, cet ouvrage
a fait l'objet d'un gros tirage. Malgré tous les soins apportés à sa
fabrication, il est malheureusement possible qu'il comporte un
défaut d'impression ou de façonnage. Dans ce cas, ce livre vous
sera échangé sans frais. Veuillez à cet effet le rapporter au
libraire qui vous l'a vendu ou nous écrire à l'adresse
ci-dessous en nous précisant la nature du défaut constaté. Dans
l'un ou l'autre cas, il sera immédiatement fait droit
à votre réclamation.
Librairie Gründ - 60, rue Mazarine - 75006 Paris

Première édition française 1995 par Librairie Gründ, Paris

ISBN 2-7000-1908-3
Dépôt légal : septembre 1995
Édition originale 1995 par Arnoldo Mondadori
sous le titre original *Atlante fotografico dell'Universo*

Photocomposition GPI, Juigné-sur-Sarthe
Imprimé en Espagne par Artes Gràficas, Tolède
D.L.TO:1154–1995